Y 形

矮化树结果状 1

矮化桃树结果状 2

矮化树与乔化树比较

矮化砧木——黑刺李

矮化砧木绿枝扦插繁殖

矮化砧木压条繁殖

矮化砧木——樱桃李

矮化砧木硬枝扦插繁殖

矮化中间砧亲和状

桃树的矮化栽培

矮化自根砧亲和状

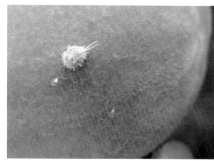

康氏粉蚧

主干形

梨小食心虫迷向防治

绿盲蝽成虫 绿盲蝽若虫

绿盲蝽危害桃果状 1

绿盲蝽危害桃果状 2 绿盲蝽危害桃叶状

瓢虫（天敌）

苹小卷叶蛾越冬幼虫

桑白蚧

桃疮痂病

桃根瘤病

桃褐腐病

桃桑白蚧

桃蚜1

桃缩叶病

桃蚜2

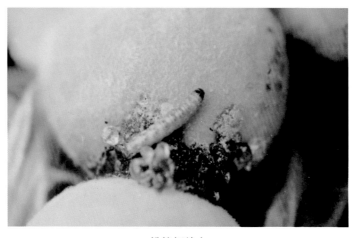

桃蛀螟幼虫

果树新品种及配套技术丛书

TAO XINPINZHONG JI PEITAO JISHU 桃

新品种及配套技术

姜 林 主编

中国农业出版社

北 京

内容提要

　　坚持农业农村优先发展、实施乡村振兴战略、打赢脱贫攻坚战是党的十九大提出的战略要求，因此需要加快建设现代农业，因地制宜大力发展特色产业，提高农业发展质量效益和竞争力。桃产业是兼备经济、生态和社会效益的优势特色产业，不仅在农村经济发展、农民增收和社会主义新农村建设中发挥着越来越重要的作用，对经济欠发达地区的区域经济发展也具有不可替代的作用，桃产业对生态环境建设起到了很大的积极作用，同时也日益凸显出其在休闲服务及景观功能方面的作用。

　　桃产业是我国优势特色产业之一，但目前存在品种结构不尽合理、栽培管理技术落后、果品品质低、生产成本高、总体经济效益低等诸多问题。为加快桃新品种、新技术的推广应用，作者编写了《桃新品种及配套技术》。本书重点介绍桃优新品种、砧木与育苗、建园与种植、土肥水管理技术、修剪技术、花果管理技术以及桃园主要病虫害绿色防控技术等，技术性、实用性较强。

编写人员名单

主　　编　姜　林

副主编　姜瑞德　张翠玲　于福顺

编写人员　（按姓氏笔画排序）

　　　　　　于福顺　王正欣　尹　涛　刘之洲

　　　　　　刘方新　江志训　孙吉禄　张海峰

　　　　　　张翠玲　邵　阳　姜　林　姜瑞德

　　　　　　宫明波　程　星

目 录
CONTENTS

一、概　述

（一）桃的生产概况

桃是我国主要的果树种类之一，在落叶果树中仅次于苹果、梨，居第三位。我国是桃的原产地，栽培历史悠久，深州蜜桃、肥城桃、无锡水蜜桃、奉化玉露等都是久负盛名的历史名桃。

中华人民共和国成立以后，特别是改革开放以来，我国桃产业得到了稳步、快速发展，并于 1993 年成为世界第一产桃大国。我国桃的种植规模连续多年呈持续增长之势，2018 年中国桃树种植面积达 92 万 hm^2 左右，桃产量为 1 350 万 t 左右，人均占有量超过欧盟的 7 kg 和美国的 3 kg，达到人均 9 kg，趋于饱和。

从产业分布看，我国 34 个省级行政区域中，有 29 个从事桃的商业化生产，其余 5 个省份（海南、内蒙古、黑龙江和香港、澳门）中，海南因缺乏桃休眠所需的低温而不能生产，香港、澳门不生产，内蒙古和黑龙江因冬季严寒而不能露地生产，但也有少量的温室栽培。目前，我国桃产业在区域布局上，已基本形成以华北产区、黄河流域产区、长江流域产区三大产业带为主，以华南亚热带产区和东北设施桃产区为必要补充的产业格局。桃产量居前十位的省份有山东、河北、河南、湖北、辽宁、陕西、江苏、四川、浙江和北京，但近几年，随着种植业结构调整，安徽和贵州等地桃产业也呈迅猛发展之势。

传统上我国桃果实成熟应市的高峰期是 6~8 月，但近年来随着品种改良和生产的发展，特别是设施栽培的发展，鲜桃供应期大大延长，每年 4~11 月均有国产鲜桃销售。在品种方面，目前生产上 80％的桃品种都是我国自育品种，特别是新近发展的桃园，我国自主知识产权的品种已达 90％以上。据统计，我国桃生产上具有一定面积的主栽品种超过 200 个。近几年，高品质的黄肉鲜食桃、油桃、蟠桃、油蟠桃成为发展的新宠，品种结构调整加速。目前我国桃产业处于由数量型向质量型发展转变的时期。

从栽培技术来看，宽行密株、起垄覆膜、行间生草、肥水一体化、少主枝整形、长放修剪、机械施肥喷药等省工提质增效模式得到迅速推广。这也符合了农村劳动力越来越少，产业向规模化、标准化、集约化发展的需求。

（二）桃的市场概况

中国桃 80％以上在国内鲜销，18％左右用于加工。鲜食桃的出口比例很小，主要出口到哈萨克斯坦、俄罗斯等地；鲜食桃进口方面，我国从智利、澳大利亚、西班牙进口少量鲜桃，主要用于弥补季节供应不均和品种差异。桃加工品方面，中国主要从南非、希腊和西班牙进口，美国和日本是中国桃加工品最主要的市场。近年来，我国鲜食桃出口量基本保持平稳上升，桃加工品出口量也在逐年增加。

传统上，由于多数桃品种肉软多汁、不耐运输，我国桃的生产和消费多以就近供应为主。但是改革开放以后，随着市场经济的发展、品种的改良和运输、保鲜条件的改善，鲜桃销售已进入大市场、大循环模式，基本实现了桃的规模化生产和果品的全国市场配置。

长期以来我国均以鲜桃消费为主，加工产品主要是罐头，占比不足 10％，桃汁、桃酒、桃醋、速冻桃片等加工品尚待开发。关于鲜桃消费偏好，一般南方消费者喜欢外观白里透红、果肉柔软多汁的水蜜桃，而北方消费者多喜欢离核蜜桃或脆肉桃，但近年来也呈现出消费兴趣多元化和个性化的发展趋势。

从经营来看，我国传统上的桃生产主要是一家一户的小农经济，自产自销，就近销售，小生产与大市场之间矛盾突出。近年来，随着传统农业向现代农业的过渡、物流业的发展和市场竞争的加剧，桃的生产也逐渐走向规模化生产、产业化经营。在北京平谷（晚熟水蜜桃）、安徽砀山（加工桃、油桃）、成都龙泉、上海南汇（中熟水蜜桃）、江苏阳山、山东临沂等地都形成了各具特色的大型集中产区和集散地，培育了自己的品牌，建立了以产地批发市场为中心的销售网络，一家一户的个体生产者有组织地通过产地批发市场进入流通领域，有效地缓解了小生产与大市场的矛盾。

(三) 桃产业发展趋势

目前我国桃的面积和产量已达到相当规模，人均鲜桃占有量已超过欧盟和美国，达到人均 9 kg。从近几年国内市场销售看，丰年则量大价跌，灾年却减产增效，也说明桃的产量已趋于饱和。我国桃产业进入了稳定面积、提质增效的调整阶段。

未来桃的市场需求将体现以下特点：一是高品质、风味浓、多样化的鲜桃产品；二是富含营养、方便食用甚至功能性的桃加工品；三是差别化、个性化需求（如低糖品种、高酸品种）；四是产品的周年供应。

针对桃产业的发展状况，国家桃产业技术体系 2016 年提出了品种发展建议：

今后 10 年内调整为：加工桃 10%～20%，鲜食桃 80%～90%；普通桃 50%～60%，油桃 30%～40%，蟠桃 5%～10%；极早熟、早熟、中熟、晚熟、极晚熟的比例大体在 0.5∶4∶3∶2∶0.5。

区域化发展建议：

① 华北平原桃产区是我国桃的主要产区，可大力发展油桃，适度发展普通桃，尤其要发展中、晚熟优质普通桃。油桃现阶段以早熟品种为主，随着育种工作的深入，要发展果实大、外观美、耐贮运的中、晚熟品种。该区的北部是我国普通桃、油桃保护地栽培的最适宜区，亦可发展普通桃、油桃的保护地栽培。

② 长江流域桃产区以发展优质普通桃、蟠桃为主，可适当发展早熟油桃，但要选择不裂果的品种，限制发展中、晚熟油桃品种。

③ 西北高旱地区，桃产区总的情况较为复杂。甘肃、陕西渭北和新疆南疆等地是优质桃、油桃生产基地。在发展的同时主要考虑包装、贮运等问题。新疆北疆（除伊宁外）由于冬季寒冷，桃树需进行匍匐栽培，虽生产出的果实质量好，但管理费用较高，可适度发展，满足本地区需求。

④ 华南亚热带桃产区栽培桃的限制因子是冬季低温不足，不能满足桃品种的需冷量。随着我国短低温桃育种的进展，该地区应引进短低温普通桃、油桃品种，力争在品种的早熟性方面有较大的突破。

⑤ 东北高寒地区桃产区可进行桃的匍匐栽培，适度发展。

二、桃优良新品种

桃品种依成熟期分为极早熟、早熟、中熟、晚熟、极晚熟 5 类。果实发育期（即开花盛期至果实成熟期所需天数）在 60 d 以内的为极早熟，60～90 d 的为早熟，90～120 d 的为中熟，120～150 d 的为晚熟，150 d 以上的为极晚熟。此外，桃果依果肉色泽可分为黄肉桃和白肉桃；依用途可分为鲜食品种、加工品种、兼用品种以及供观赏花用的观赏桃品种等；依果实特性分为普通桃、油桃、蟠桃和油蟠桃。

根据近几年的生产和试验，将表现优良的桃新品种介绍如下（表 2-1）。

表 2-1　桃优良新品种

成熟期 (d)	普通桃	黄桃	油桃	蟠桃	油蟠桃
40～50			中油 11 号、红芒果油桃	袖珍早蟠	
50～60	春红、早美、春元		千年红、秀玉		
60～70	春蜜、春丽、中桃绯玉、中桃紫玉	黄金蜜 1 号、锦春	中油 19 号 (S)、金山早红	早露蟠、麦黄蟠桃	
70～80	春美、中桃 9 号 (S)、中桃红玉	锦香、中桃金阳	中油 4 号、金辉、沪油 018	瑞蟠 13 号、蟠桃皇后	

（续）

成熟期（d）	普通桃	黄桃	油桃	蟠桃	油蟠桃
80～90	早熟有名、夏红、日川白凤	黄金蜜2号	中油6号、中油金冠、紫金红3号	瑞蟠14号、早黄蟠桃	中油蟠5号、中油蟠9号、风味皇后
90～100	早玉、霞脆（S）	中桃10号（S）、金陵黄露	美婷、中油金帅、紫金红2号	瑞蟠16号、中蟠13号、中蟠19号	中油蟠7号、金霞早油蟠
100～110	霞脆6号、白如玉（S）、中桃5号	中桃金蜜、美锦	中油7号、瑞光28号	瑞蟠19号、中蟠15号、中蟠11号、银河（白肉）	中油蟠4号、风味太后
110～120	大红桃、中桃6号	钻石金蜜	中油8号、中油20号（S，白肉）	中蟠17号、玉霞蟠桃（白肉）	瑞油蟠2号、金霞油蟠、中油蟠3号
120～130	华玉（S）	黄金蜜3号、锦园、北京51号	瑞光38号	中蟠18号、黄金蜜蟠桃、瑞蟠101	
130～140	有名白桃（S）、京艳、秋雪	锦绣	瑞光39号	瑞蟠24号	
140～150	双红艳、秋彤	北京40号		晚黄蟠	
150～160	中桃22号	黄金蜜4号、锦花	晴朗、忆香蜜、华油7号	瑞蟠21号	
160～170	北京晚蜜、巨晚红		中油桃21号	瑞蟠20号	
170～180	金秋红蜜、映霜红				
180～190	沂蒙霜红				

注：S表示肉质不易软，全文同。

（一）普通桃

1. 春红

春红（图2-1）是中国农业科学院郑州果树研究所选育的极早熟、全红型、硬肉桃品种。果实近圆形，果顶平，偶具小尖，两半部较对称。平均单果重120 g，最大单果重180 g以上。果皮底色绿白，成熟时果面全面着玫瑰红色，过熟时紫红色。果肉白色，肉硬脆，完熟后稍软，汁液中等，风味甜，可溶性固形物含量为10%～

图2-1 春 红

12%，粘核。树体生长健壮，树姿半开张，各类果枝均能结果，并以中、长果枝结果为主。蔷薇花，花粉多，丰产性极好。果实发育期50 d左右，在山东青岛地区6月上旬成熟。

2. 早美

早美是北京市农林科学院林业果树研究所1994年育成的极早熟白肉桃品种，亲本组合为庆中×朝霞，1998年通过北京市农作物品种审定委员会审定。果形圆，平均单果重100 g，最大单果重160 g。果面1/2至全面玫瑰红色，硬溶质，粘核，不裂核。可溶性固形物含量在9%左右，完熟后柔软多汁，风味甜。果实发育期50～55 d，在山东青岛地区6月中旬成熟。树势强健，个别年份有冻花芽现象，但不影响产量。适宜露地及保护地栽培。

3. 春元

春元是青岛市农业科学研究院果茶研究所杂交选育的优良品种，亲本为81-4-2（五合×早香玉）×早香玉，2007年9月通过山东省农作物品种审定委员会审定。该品种树势中庸，早果性、丰产性强，自花授粉，坐果率高。果实近圆形，果顶圆，缝合线浅，两半匀称。平均单果重 100 g 左右。果皮底色乳白到乳黄，果面光滑、茸毛少，色彩鲜红，有光泽，成熟时着色度达 95％以上。果肉浅黄白色，肉质软溶，汁液多，风味浓甜，品质优良，可溶性固形物含量为 11％～13.5％。核极小，果实可食率达 96％。在山东青岛地区 3 月中下旬萌芽，4 月中旬开花，6 月上旬成熟，果实发育期 56～58 d。

4. 春蜜

　　春蜜为特早熟、全红型白肉桃品种，果实硬质、不裂果。成熟后不易变软，耐贮运。有花粉，自花结实力强，极丰产。果实近圆形，平均单果重 120 g，最大单果重 205 g 以上。果皮底色乳白，成熟后整个果面着鲜红色，艳丽美观；果肉白色，肉质细，硬溶质，风味浓甜，可溶性固形物含量在 12％左右。果实发育期 65 d 左右，在山东青岛地区 6 月中旬成熟，成熟后可留树 10 d 以上不落果、不裂果。该品种适合全国各桃产区栽培。

5. 春丽

　　春丽桃耐贮运，为美国 S 系代表，果实近圆球形，果尖平，尖圆，缝合线浅，两部对称。平均单果重 190 g，最大单果重 260 g。果皮中厚，不易剥离，果面茸毛短，底色白色，果实成熟时，果面浓红色，色彩艳丽，着色程度达 95％以上。果肉白色，不溶质，红色素少，肉质硬脆，纤维少，汁液多。风味甜，爽口，香气清香。粘核，核白色，核纹浅，裂核少。可溶性固形物含量为 14％，果实硬度大。果实发育期 70 d，在山东青岛地区 6 月下旬成熟。在树上可留树 20 d，且果实不变软，适合露地和设施栽培。

6. 中桃绯玉

　　中桃绯玉（图 2－2）是中国农业科学院郑州果树研究所培育

的早熟桃新品系，2016 年通过河南省林木品种审定委员会审定，良种编号为豫 S - SV - PP - 026 - 2016。中桃绯玉为白肉普通桃，成熟时果面全红，鲜艳美观；平均果实纵径 6.2 cm、横径 7.6 cm；平均单果重 170 g，最大单果重 300 g；果肉较硬，肉质细，肉质红色素多；风味甜，可溶性固形物含量为 11%；粘核。该品种树势强健，丰产性好，花粉多，在山东青岛地区 6 月下旬成熟，既适合露地栽培，又适合设施栽培。

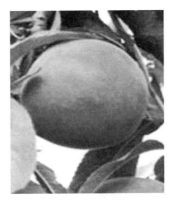

图 2 - 2　中桃绯玉

7. 中桃紫玉

中桃紫玉是中国农业科学院郑州果树研究所培育的早熟桃新品系，是以金凤×01 - 4 - 111 杂交选育的全红型桃品种，2015 年 12 月通过河南省林木品种审定委员会审定。果实圆形，两半对称，果顶平，梗洼较深，缝合线浅，成熟期一致。果实较大，平均单果重 180 g，最大单果重 200 g。果皮茸毛短，底色乳白，果面全红，适宜采收时鲜红色，充分成熟时紫红色，十分美观。果肉红色素多，表现为红色，近核处红色素少。硬溶质，汁液中多，纤维中多，味甜，可溶性固形物含量为 12%，粘核。发育期 70 d 左右，在山东青岛地区 6 月下旬成熟。

8. 春美

春美桃（图 2 - 3）是中国农业科学院郑州果树研究所最新育成的早熟、硬肉、全红型白肉桃品种。果实近圆形，平均单果重 156 g，最大单果重 250 g 以上；果皮底色乳白，成熟后整个果面着鲜红色，艳丽美观；果肉白色，肉质细，硬溶质，风味浓甜，可溶性固形物含量为 12%～14%，品质优；核硬，不裂果；有花粉，自花结实力强，极丰产。该品种需冷量 550～600 h，果实发育期 70 d 左右，在山东青岛地区 6 下旬、7 月上旬成熟，成熟后不易变软，耐贮运，可留树 10 d 以上不落果、不裂果，适合全国各桃产区栽培。

图 2-3　春　美

9. 中桃 9 号 （S）

中桃 9 号是由中国农业科学院郑州果树研究所最新育成，S 肉质桃品种。果实近圆形，平均单果重 180 g，最大单果重 260 g。果皮白色，全面着条红色。果肉白色、脆甜，永不变软，可溶性固形物含量为 13%，有花粉，极丰产，耐贮藏。在山东青岛地区 7 月上旬成熟（春美之后），果实发育期约 85 d。

10. 中桃红玉

中桃红玉是中国农业科学院郑州果树研究所育成的品种。果实圆形，两半部对称。平均单果重 169 g，最大单果重 270 g。果顶平，梗洼浅，缝合线明显、浅，成熟状态一致。果皮有细短茸毛，底色乳白，果面全红，呈明亮鲜红色，果实充分成熟后果皮不能剥离。果肉乳白色，硬溶质，汁液中等，纤维中等，果实风味甜，可溶性固形物含量为 12%。耐运输，货架期长，在山东青岛地区 7 月上旬成熟。

11. 夏红

夏红是山东省果树研究所选育的品种，曾用名夏雪。果个均匀，平均单果重 200 g。成熟时，全面着红色（深红），果肉白色，肉质硬脆，可溶性固形物含量为 12%。离核、果实硬度大，挂果期 15 d 左右，耐贮运。自花结实，果实发育期 85 d 左右，在山东青岛地区 7 月上旬成熟。

12. 日川白凤

日川白凤是日本山梨县的田草川利幸氏从白凤的枝变中选出的品种。果形长圆形，略带尖，果个大，平均单果重约220 g，最大单果重308 g。果顶平，梗洼窄浅，缝合线浅。果实全面浓红色，果面光洁，茸毛少。果肉白色，硬溶质，纤维少，果汁多，味甜，可溶性固形物含量为12.6%，无涩味，品质好，食味优。无裂核裂果现象，耐贮运性很好。该品种树势中等，树姿较开张，花粉多，自花结实率高，丰产。在山东青岛地区7月上中旬果实成熟。

13. 早玉

早玉是北京市农林科学院林业果树研究所选育的中熟桃品种。果形圆，果个均匀，平均单果重约195 g，最大单果重304 g。果面1/2以上着玫瑰红色，肉质硬脆、风味甜，可溶性固形物含量为13%，离核。果实发育期93 d左右，在山东青岛地区7月中下旬成熟。

14. 霞脆

霞脆（图2-4）是由江苏省农业科学院园艺研究所于2003年选育而成，其亲本是雨花2号×〔（白花×橘早生）×朝霞〕。果实近圆形，果皮乳白色，着色较好，着粉色条纹，果皮不易剥离。单果重200 g左右，最大单果重320 g。果肉白色，肉质硬脆，不溶质，汁液较少，风味甜，可溶性固形物含量为12%～14%，粘核。自花结实力强。耐贮性好，常温下

图2-4 霞 脆

可贮藏1周以上，在山东青岛地区果实于7月中旬成熟，成熟期较长，需分批采摘。

15. 霞晖 6 号

霞晖 6 号由江苏省农业科学院园艺研究所于 2004 年以朝晖×雨花露杂交育成。果实圆形，平均单果重约 220 g，最大单果重 351 g；果皮底色乳黄色，果面 80%以上着红色；果肉白色，肉质细腻，硬溶质；风味甜香，可溶性固形物含量为 12%～14%，粘核。树体生长健壮，树姿半开张，有花粉，丰产性强。在山东青岛地区 7 月中下旬成熟，果实生育期 108 d 左右。

16. 白如玉（S）

白如玉（图 2-5）是中国农业科学院郑州果树研究所选育的中熟品种。果实圆形，平均单果重约 260 g，最大单果重 356 g。外观及果肉纯白如玉。硬溶质，浓甜，品质优良，可溶性固形物含量为 14%～16%，粘核。留树时间长，极耐贮运。大花型，有花粉，极丰产。在山东青岛地区 7 月中旬开始成熟，果实发育期约 100 d。

图 2-5 白如玉

17. 中桃 5 号

中桃 5 号是中国农业科学院郑州果树研究所育成的全红、优质桃新品种，亲本为朝晖×双佛。果实圆而端正，果顶凹入，果皮底色白，成熟后整个果面着鲜红色，十分美观。果型大，平均单果重约 195 g，最大单果重约 260 g。果肉白色，风味浓甜，可溶性固形物含量为 13%～16%，果肉脆，成熟后不易变软，粘核。花朵蔷薇形，花粉多，自交结实，丰产。果实发育期约 100 d，在山东青岛地区 7 月中下旬成熟。

18. 大红桃

大红桃的果实呈圆形，果特大，平均单果重约 320 g，最大单果重 530 g。果面全红，果肉白色，硬溶质，离核，味香甜，品质极佳，可溶性固形物含量为 12.1%。有花粉，自花结实，坐果率高，丰产，须疏花疏果。硬度大，耐贮运。果实发育期 110～120 d，在山东青岛地区 8 月 15 日到 8 月 20 日成熟。

19. 中桃 6 号

中桃 6 号是中国农业科学院郑州果树研究所育成的白肉品种。果形扁圆，平均单果重约 200 g，最大单果重 400 g。果实红色，果面 2/3 着红色。硬溶质，果肉青脆，耐贮存，口感甘甜，风味特佳，可溶性固性物含量为 12.3%。自花授粉，丰产性强。在山东青岛地区 8 月上旬成熟，是采摘园、观光园首选品种。

20. 华玉（S）

华玉是北京市农林科学院林业果树研究所选育的晚熟桃品种。果实近圆形，果个大，平均单果重约 270 g，最大单果重 400 g。果顶圆平，果面 1/2 以上着玫瑰红色或紫红色晕。果皮中等厚，不易剥离。果肉白色，肉质硬，细而致密，汁液中等，纤维少，风味甜，有香气，可溶性固形物含量为 13.5%。不褐变，离核，商品性极佳，极耐贮运。花蔷薇形，无花粉，丰产。在山东青岛地区 8 月下旬成熟，果实发育期 125 d 左右。

21. 有名白桃（S）

有名白桃是韩国品种，亲本为大和早生×砂子早生。果实圆形，果顶圆平，两半部对称。平均单果重约 180 g，最大单果重 222 g。果皮底色乳白色，着色良好，皮不能剥离；果肉白色，夹带红色，肉质为不溶质，汁液和纤维中等，风味甜，可溶性固形物含量为 12%，粘核。果实发育期约 130 d，在山东青岛地区果实于 8 月下旬成熟。

22. 京艳

京艳是由北京市农林科学院林业果树研究所以绿化 5 号×大久

保杂交选育而成。果实近圆形，整齐，果顶平，中央凹入；平均单果重约 220 g，最大单果重 430 g；果皮底色黄白稍绿，近全面着稀薄的鲜红或深红色点状晕，背部有少量断续条纹，果皮厚，完熟后易剥离；果肉白色，阳面近皮部淡红色，核周有红霞，肉质致密，完熟后柔软多汁，风味甜，有香气，可溶性固形物含量为 13.4%，品质上等。粘核，耐贮运。树势较旺盛，树姿半开张。花粉极多，有采前落果现象。果实发育期 135 d 左右，在山东青岛地区 9 月上旬果实成熟。

23. 秋雪

秋雪桃为我国本土晚熟优良桃品种，又名超山红，果个均匀，平均单果重约 260 g，最大单果重 440 g。果面鲜红，离核，果肉脆甜，可溶性固形物含量为 19%，茸毛稀少，硬度大，挂树时间长，自花结果，极丰产。果实发育期约 140 d，在山东青岛地区 9 月上旬成熟。

24. 双红艳

双红艳是河南科技大学和洛阳市园林科学研究所协作，用莱山蜜作母本，用河南洛宁当地冬桃作父本杂交育成的晚熟、大果型鲜食新品种。果形近圆形，两边对称，缝合线浅，平均单果重约 350 g，最大单果重 650 g。果顶微突，果柄较短。果面粉红色，内腔着色 70% 以上，外围着色 100%，茸毛稀短，果实美观。果肉白色，肉质细，风味脆甜，有香味，纤维少，可溶性固形物含量为 17% 以上，可食率达 96% 以上。果实发育期 160~175 d，从 9 月上旬到 10 月初都可采摘。果实采摘后耐贮性强，自然存放 10~15 d 能保证品质不变。不裂果，商品性状好。

25. 秋彤

秋彤桃果实圆形，果实个头大，平均单果重约 325 g，最大单果重 450 g，缝合线深浅和宽窄均为中等。果面茸毛稀少，果皮底色黄白，成熟时 85％果面着鲜红到紫红色晕，果面整洁，外观艳丽。果肉为淡绿白色，可溶性固形物含量为 17％。光照条件好时全果着鲜红色，离核。果实发育期约 150 d，在山东青岛地区成熟时间为 9 月中下旬。

26. 中桃 21 号

中桃 21 号是中国农业科学院郑州果树研究所 1998 年通过人工杂交选育而成的晚熟大果桃品种，母本为秋玉，父本为秀峰，2013 年 3 月通过河南省林木品种审定委员会审定。果实圆形，平均单果重约 265 g，最大单果重 510 g。果皮底色浅绿白色，成熟时 50％以上果面着深红色。果肉白色，风味甜香，可溶性固形物含量为 12.5％～13.5％，品质优良。果核长椭圆形，粘核。花蔷薇形，无花粉，需配授粉树。在河南郑州地区 3 月下旬开花，8 月中旬成熟，果实发育期约 140 d。

27. 中桃 22 号

中桃 22 号是中国农业科学院郑州果树研究所 2015 年选育的杂交品种。果实圆形，两半部较对称，成熟度一致。果实个头大，平均单果重约 267 g，最大单果重 430 g。果实表面茸毛中等，底色乳白，成熟时 50％以上果面着深红色。果肉白色，肉质细，汁液中等，风味甜香，近核处红色素较多，可溶性固形物含量为12.2％～13.7％。果核长椭圆形，粘核。果实发育期约 160 d，在山东青岛地区果实 9 月中旬成熟。

28. 北京晚蜜

北京晚蜜是北京市农林科学院林业果树研究所培育的极晚熟蜜桃品种。果实圆形，果个大，平均单果重可达 300 g 以上。果形端正，果皮底色黄绿，成熟时 3/4 果面鲜红，色泽艳丽，茸毛稀而短，果面光洁，果顶圆，缝合线较浅。果肉黄白色，硬溶质，肉质细脆，汁多，风味甘甜浓香，品质上等，粘核，核小，近核处红色，可溶性固形物含量为 12%～16%。该品种耐旱、耐寒、耐贫瘠，雨后无裂果，是一个优良的晚熟桃品种，耐贮运。果实发育期约 165 d，在山东青岛地区果实于 9 月底至 10 月初成熟。

29. 金秋红蜜

金秋红蜜果实圆形，缝合线较明显，果顶略突起；果个大，大小均匀，平均单果重约 282 g，最大单果重 600 g；果皮中厚，不易剥离，成熟时果实底色乳白色，套袋果 70%以上着红色，果面茸毛稀且短，果实成熟后散发出浓郁香味；果肉乳白色，粘核，近核处有红晕，肉质细密、硬、脆，味甘甜，可溶性固性物含量为 15%～20%。品质上等，耐贮运，货架期长。果实发育期约 175 d，在山东青岛地区 9 月底至 10 月中旬果实成熟。

30. 映霜红桃

映霜红桃原名冬雪王桃，果形圆形，果个大，平均单果重约 230 g，最大单果重 460 g。果面着鲜艳的玫瑰红色，光彩亮丽，极其漂亮；果肉脆甜可口，清香宜人。丰产性特强，可溶性固形物含量为 18.1%，最高可达 26%。裂果严重，果实发育期约 180 d，在山东青岛地区成熟期为 10 月中下旬。

31. 沂蒙霜红

沂蒙霜红是山东农业大学以寒香蜜作为母本、桃王九九和冬雪蜜的混合花粉作为父本杂交育成的极晚熟桃新品种。该品种 2010 年 9 月通过了山东省农作物品种审定委员会审定。果形圆形，果个大，平均单果重约 340 g，最大单果重 503 g。果实着鲜红色，色泽艳丽。果肉白色，肉质细、脆，风味甜，品质优良，可溶性固形物含量为 14.1%，粘核。该品种果实大，丰产性好，适应性及抗性较好，耐干旱、耐瘠薄，抗炭疽病、轮纹病、流胶病，无其他特殊易感病虫害。山东地区该品种 10 月下旬至 11 月初成熟。

32. 中桃 23 号

中桃 23 号果形圆而端正，平均单果重约 280 g，最大单果重 400 g。果肉白色，硬溶质，粘核，可溶性固形物含量为 15%～17%，味浓甜，品质优。有花粉，极丰产，宜套袋栽培，果实在市场空档上市，销路很好。极晚熟，果实发育期约 192 d，在山东地区 11 月上中旬成熟。

（二）黄桃

1. 早黄蜜

早黄蜜是 2014 年发现的自然芽变的黄桃新品种，属早熟鲜食黄桃品种。果实扁圆形，平均单果重约 220 g，最大单果重 320 g。果面金黄色，顶部微红色，浓甜，口感好，可溶性固形物含量为 14.4%，果肉极脆甜，品质优良。挂树 20 d 不软不落，耐贮运。在山东青岛地区 6 月中下旬成熟，果实发育期约 60 d。

2. 黄金蜜 1 号

黄金蜜 1 号是中国农业科学院郑州果树研究所选育的早熟黄桃新品种。果实近圆形，果个中等，平均单果重约 148.5 g。果皮底色金黄，部分果面着鲜红色；果肉黄色，可溶性固性物含量为 12%。果实发育期约 70 d，在山东青岛地区 6 月中旬成熟。早果、丰产性好。

3. 锦春

锦春是上海市农业科学院林木果树研究所选育的锦系列黄桃中成熟期最早的品种。果顶圆平，平均单果重约 240 g，最大单果重 350 g。果皮底色橙黄色，套袋时纯黄，色彩亮丽；果肉黄色，肉质细，可溶性固形物含量为 12%～14%，风味纯甜，有香气，品质优，硬溶质，耐贮运。无裂果现象，自花结果。果实发育期约

70 d，在山东青岛地区 6 月中下旬成熟。该品种适应范围广，国内南北方桃产区均可栽培。

4. 锦香

锦香是上海市农业科学院林木果树研究所从北农 2 号×60 - 24 - 7 的杂交后代中选育出的早熟鲜食黄肉桃新品种。果实圆形，平均单果重约 193 g，最大单果重 270 g。果皮底色金黄，着色约 25％，茸毛少。果肉金黄色，可溶性固形物含量为 11％，风味甜中有微酸，香气浓，粘核。无花粉，需配置授粉树。果实发育期约 80 d，在山东青岛地区果实成熟期为 7 月上旬。在上海及浙江、江苏等地均有一定的推广面积。

5. 中桃金阳

中桃金阳果实圆形，平均单果重 180 g 左右，最大单果重 250 g。果肉呈现黄色，外观漂亮，硬度大，品质极佳，香气浓郁，甘甜无比，可溶性固形物含量为 12％。有花粉，坐果能力强，丰产性强。果实发育期约 70 d，在山东青岛地区 7 月上旬成熟。

6. 黄金蜜 2 号

黄金蜜 2 号是中国农业科学院郑州果树研究所选育的早熟黄桃新品种，适应性强。果实近圆形，果个中等，平均单果重约 160 g，最大单果重 260 g。果皮底色金黄，部分果面着鲜红色，果肉黄色。品质优，可溶性固性物含量为 12％左右。果实发育期约 80 d，7 月上中旬成熟。早果、丰产性好。

7. 中桃 10 号（S）

中桃 10 号又名中油 10 号，是以油桃优系 620 为母本、曙光为父本，通过有性杂交培育而成。果实近圆形，果顶平，微凹，两侧较对称，缝合线浅且不明显，平均单果重约 116 g，最大单果重 197 g。果皮底色浅绿白色，80％果面着片状及条状紫玫瑰红色，或全红，果皮不能剥离；肉质致密，为半不溶质，果肉乳白色，肉质硬度适中，成熟后软化过程缓慢，常温下货架期可达 10 d 以上，风味浓甜，有果香，可溶性固形物含量为 12%～14%，汁液中等，品质优；果核木质化程度高，不裂核，粘核。花粉多，自花结实力强，丰产性好。果实发育期约 90 d，在山东青岛地区 7 月上旬成熟。

8. 金陵黄露

金陵黄露果实成熟早，是江苏省农业科学院园艺研究所于 2004 年以中熟水蜜桃优良品系 99 - 8 - 3 为母本、早熟黄肉桃品种春童（原名：Spring baby）为父本，通过常规杂交获得的优良早熟黄肉桃品种。果实圆形，平均单果重约 226 g，最大单果重 383 g。果皮底色黄色，果面 60% 以上着红色。果肉黄色，肉质硬，较耐贮运，风味甜香，可溶性固形物含量为 12.3%，可溶性糖含量 10.1%，可滴定酸含量 0.27%，粘核。有花粉，自花结实。早果、丰产性好。果实生育期 92 d 左右，在山东青岛地区 7 月中旬果实成熟。

9. 中桃金蜜

中桃金蜜是中国农业科学院郑州果树研究所引进的黄肉桃品种，果形圆形，稍扁平顶，平均单果重 230 g 左右，最大单果重 320 g。肉质硬脆，风味浓甜，可溶性固形物含量为 12.4%。自花结实，极丰产。果实发育期约 100 d，在山东青岛地区 7 月中下旬成熟。

10. 美锦

美锦是由石家庄果树研究所以京玉桃为亲本培育的鲜食黄肉桃品种。果实近圆形，平均单果重 230 g 左右，最大单果重 280 g。果顶圆平，缝合线浅。果皮底色黄色，近 50% 以上着鲜红色；果肉金黄色，硬溶质，味甜，汁液中等，离核，可溶性固形物含量为

12%左右。丰产性强，耐贮运。果实发育期 100 d 左右，在山东青岛地区 7 月中下旬成熟。

11. 钻石金蜜

钻石金蜜 2009 年通过山东省品种审定委员会审定。果实卵圆形，两半部对称，果顶圆凸；平均单果重约 200 g，最大单果重 300 g；果皮底色橙黄，果面着深红色，果皮不能剥离；果肉橙黄色，无红色素，硬溶质，粘核，纤维含量少，近核无红色素，汁少，风味甜，香气浓，可溶性固形物含量为 16%。加工后块形整齐，金黄色，汤汁清，香味浓。成熟期一致，果实发育期 95～100 d，在山东青岛地区 7 月下旬成熟。

12. 黄金蜜 3 号

黄金蜜 3 号果实近圆形，平均单果重约 200 g，最大单果重 280 g。果皮底色金黄，80%以上果面鲜红，套袋果面呈金黄色。果肉金黄色，果肉硬溶质，风味浓甜，香气浓郁，粘核，可溶性固形物含量为 13%～17%，品质优、耐贮运。自花结实。果实发育期 125 d 左右，在山东青岛地区 8 月上旬成熟，坐果率高、丰产，全红后 10 d 不软，无裂核及裂果现象，生理落果轻。

13. 锦园

锦园是上海市农业科学院以锦绣为母本、5－1－3 为父本杂交育成的中晚熟鲜食黄桃新品种，2007 年通过上海市农作物品种审定委员会审定。果实近圆形，较对称，果顶圆平，缝合线较明显。平均单果重约 200 g，最大单果重 270 g。果皮黄色，不套袋时着红色程度约 25%，套袋后果表金黄色，果皮薄，易剥离。果肉黄色，果肉着红色程度轻，汁液多，肉质松软到致密，可溶性固形物含量为 12.2%～14.5%，甜味浓，鲜食品质上等，粘核。自然授粉坐果率高，极丰产。果实生育期为 125 d 左右，在山东青岛地区成熟期 8 月上中旬。

14. 北京 51 号

北京 51 号是北京市农林科学院林业果树研究所选育的黄肉毛桃品种。果形近圆形，果顶有凸尖，果皮底色黄色，缝合线浅，果面有紫红色晕和斑纹。平均单果重约 309 g，最大单果重 365 g。硬溶质，离核，淡甜，可溶性固形物含量为 12.5%，北京地区 8 月下旬成熟。

15. 锦绣

锦绣是上海市农业科学院选育的黄桃品种。果形整齐匀称，平均单果重约 260 g，最大单果重 700 g 左右。外观漂亮，肉色金黄。软溶质，成熟后软中带硬，甜多酸少，有香气，水分中等，风味诱人，可溶性固形物含量为 13.5%，核小。果实发育期约 140 d，上海地区成熟时间一般在 8 月中旬至 9 月，是秋季水果市场上的佳品。

16. 北京 40 号

北京 40 号是北京市农林科学院林业果树研究所选育的黄肉毛桃品种。果形近圆形，果顶圆平，果皮底色黄白，平均单果重约 263.4 g，最大单果重 304 g。硬溶质，味甜，果面 4/5 有浅红色条纹，粘核，可溶性固形物含量为 12%。北京地区 9 月上旬成熟，果实发育期约 150 d。

17. 黄金蜜 4 号

黄金蜜 4 号是中国农业科学院郑州果树研究所新育成的特晚熟黄肉鲜食桃品种。果实近圆形，平均单果重约 220 g，最大单果重 480 g。果皮底色黄色，着鲜红色，套袋后呈金黄底色。外观艳丽，果形端正，品质高，有着极高的商品价值。果实硬溶质，风味浓甜，浓香，可溶性固形物含量为 17%。有花粉，特丰产。果实发育期约 160 d，在山东青岛地区 9 月中下旬成熟，适逢中秋、国庆双节，市场销路广阔。

18. 锦花

锦花是上海市农业科学院林木果树研究所选育的晚熟黄桃优良品系，并于 2010 年通过上海市农作物品种审定委员会审定。果实近圆形，较对称，果顶圆平，缝合线较明显，平均单果重约228 g，最大单果重 396 g；果皮黄色，不套袋果的红色覆盖率约25%，果皮薄，易剥离；果肉黄色，汁液较多，肉质致密，酸甜适宜，有香气，粘核，可溶性固形物含量为 13.0%～14.5%，鲜食品质优。在山东青岛地区该品种的成熟期为 9 月中旬，果实发育期较锦绣的上市期推迟 13～18 d。

19. 锦硕

锦硕是上海市农业科学院林木果树研究所选育的晚熟黄桃优良品系。果实特大，圆整，平均单果重 260～300 g，最大单果重 888 g。可溶性固形物含量为 13%～16%，鲜食风味优，香气浓；粘核，肉质硬溶，耐贮运。树势强健，抗炭疽病。无花粉，需配授粉品种或人工辅助授粉。果实发育期约 160 d，在山东青岛地区 9 月中下旬成熟。

（三）油桃

1. 中油 11 号

中油 11 号是中国农业科学院郑州果树研究所选育的极早熟品种。平均单果重约 100 g，最大单果重 150 g。整个果面着鲜红色，果肉白色，果皮光滑无毛，底色为乳白色，味甜，可溶性固形物含量为 9%～12%，粘核，核硬，不裂果。有花粉，自花结实力强，极丰产。在河南郑州地区果实于 5 月中旬成熟，果实发育期约 50 d，比曙光早 15 d。

2. 红芒果油桃

红芒果油桃（图 2-6）是由中国农业科学院郑州果树研究所培育，因其果面红色、果形奇特像芒果而得名，是优质、特早熟、甜香型的黄肉油桃品种。果形长卵圆形，果个中等，平均单果重约 105 g，最大单果重 132 g。果皮底色黄，成熟后 80％以上果面着玫瑰红色，较美观。果肉黄色，硬溶质，汁液中多，风味甜香，可溶性固形物含量

图 2-6 红芒果油桃

为 12％，品质优良，无裂果。粘核。在河南郑州地区 3 月下旬到 4 月初开花，果实 5 月下旬成熟，果实发育期 55 d 左右。自花结实率高，丰产性好。

3. 千年红

千年红是中国农业科学院郑州果树研究所选育的早熟油桃品种。果实椭圆形，果形正，平均单果重约 80 g，最大单果重 135 g。两半部较对称，果顶圆，梗洼浅，缝合线浅，成熟状态较一致。果皮光滑无毛，底色乳黄，果面 75％～100％着鲜红色，果皮不易剥离；果肉黄色，红色素少，肉质硬溶，汁液中，纤维少，果实风味甜，可溶性固形物含量为 9％～10％。果核浅棕色，粘核。果实发育期约 60 d，在山东青岛地区 6 月上旬成熟。

4. 秀玉

秀玉是极早熟白肉甜油桃，果实色泽鲜红，风味甜，平均单果重约 100 g，最大单果重 160 g。果肉白色，肉质脆，硬溶质，可溶性固形物含量为 11.3％。耐贮运，不裂果，连年丰产、稳产，栽培效益高，需冷量 550 h 左右，是一个极具发展前景的极早熟白肉甜油桃新品种。该品种连年丰产，丰产性、甜度超过千年红和极早

518。在山东青岛地区 6 月上旬成熟，果实发育期与千年红同期。

5. 中油 19 号（S）

中油 19 号油桃是中国农业科学院郑州果树研究所选育的油桃品种。果形圆，美观端正，平均单果重约 170 g，最大单果重 250 g。外观全红，色泽鲜艳。果肉黄色，口感脆甜，可溶性固形物含量为 12％～14％，粘核，品质优良。留树时间长，极耐贮运。有花粉，极丰产，果实发育期约 70 d，在山东青岛地区 6 月中旬成熟。

6. 金山早红

金山早红的果实圆形，平均单果重约 130 g，最大单果重 260 g。果面有片状红晕，果顶平或微凹，大小面不明显，梗洼广，果面茸毛短。果肉白色，软溶质，纤维少，果汁多，粘核，不裂核，核小，可食率 95％以上，可溶性固形物含量为 10.5％。果实发育期 70 d 左右，在山东青岛地区 6 月中旬成熟，比早香玉早熟 5～7 d。

7. 中油 4 号

中油 4 号是由中国农业科学院郑州果树研究所育成。果实近圆形，果顶圆，两半部分对称，缝合线较浅，梗洼中深。果个大且均匀，平均单果重约 160 g，最大单果重 270 g。果皮底色淡黄，成熟后浓红色，光洁亮丽。果肉橙黄色，硬溶质，肉质细脆，可溶性固形物含量为 12％～15％，味浓甜，品质佳。核小，粘核，成熟后不裂果，耐贮运。该品种树势中庸偏强，树姿开张，萌芽率高，成枝力中等，生长快，扩冠迅速，早实，自然授粉坐果率高，树冠内外果实着色基本一致，丰产性强。花期抗低温，耐晚霜，适应性强，是一个综合性状优良的大果型甜油桃品种。生育期 75 d 左右，在山东青岛地区果实于 6 月底成熟。

8. 金辉

金辉是中国农业科学院郑州果树研究所培育而成的早熟油桃品种。

果形椭圆形，平均单果重约 173 g，最大单果重 252 g。果皮底色黄色，果面着全面红色，果肉橙黄色，肉质细嫩，硬溶质，风味甜，可溶性固形物含量为 12%～14%，粘核。有花粉，丰产性强。果实发育期约 80 d，在山东青岛地区果实 6 月下旬成熟，需冷量 650～700 h。

9. 沪油 018

沪油 018 是上海市农业科学院林木果树研究所选育的油桃品种，通过国家审定，获得国家植物新品种保护权。果形为圆形，果实个大，平均单果重约 155 g，最大单果重 320 g。果肉黄色，肉质硬溶质，可溶性固形物含量为 12.6%，风味优，粘核。有花粉，自花结实率高，产量稳，基本无裂果。上海地区 6 月中下旬成熟，果实发育期约 80 d。

10. 中油 6 号

中油 6 号是中国农业科学院郑州果树研究所选育的油桃品种。果实圆形，平均单果重约 170 g，最大单果重 232 g。黄肉，可溶性固形物含量为 13%～16%，浓甜，品质优，肉质硬溶质，离核。花铃形，自花结实，丰产。果实发育期 80～85 d，在山东青岛地区 6 月下旬成熟。

11. 中油金冠

中油金冠是中国农业科学院郑州果树研究所培育而成的黄肉油桃。果形圆整，果个大，平均单果重约 220 g 左右，最大单果重 350 g。果面全红，有光泽。风味甜，肉质硬，硬溶质，可溶性固形物含量为 12%。有花粉，丰产。果实发育期约 85 d，在山东青岛地区 6 月下旬成熟。

12. 紫金红 3 号

紫金红 3 号是江苏省农业科学院园艺研究所培育出的油桃新品种。果实为圆形，果形端正，平均单果重约 210 g，最大单果重

360 g。果实外观鲜红靓丽，果肉黄色，口感脆甜，香气浓郁，可溶性固形物含量为 12.3%。果实硬度大，无裂果，抗病性和抗裂果能力均强。果实发育期约 90 d，在江苏地区 6 月中下旬果实成熟。

13. 美婷

美婷油桃是河北省农林科学院石家庄果树研究所以美夏为亲本进行自交培育出的优质、耐贮的黄肉油桃新品种。果实圆形，果顶凹，缝合线浅，两半部分对称，梗洼中浅。果实个大，平均单果重约 192 g，最大单果重 275 g。果实底色黄色，阳面着鲜艳红色，着色面积 85%，外观美丽。果实光洁无毛，果皮中等厚度，难剥离。果肉色泽为黄色，近核处黄色，过熟后有红色。可溶性固形物含量为 12%，最大可达 14%，风味甜，有香味，汁液中等，纤维较少，成熟度均匀一致。果实核小，离核。果实硬溶质，硬度较大，较耐贮运，室温下可贮藏 10 d。花粉多，丰产。果实发育期约 90 d，在山东青岛地区 7 月上中旬成熟。

14. 中油金帅

中油金帅是由中国农业科学院郑州果树研究所培育而成。果实圆整，果个大，平均单果重约 200 g，最大单果重 300 g。果顶平，果面红色，果肉黄色，硬溶质，风味浓甜，可溶性固形物含量为 15%，粘核。有花粉，极丰产。果实发育期约 90 d，在河南郑州地区 7 月上旬成熟。

15. 紫金红 2 号

紫金红 2 号是由江苏省农业科学院园艺研究所育成，属大果型早中熟油桃品种，2010 年通过江苏省农作物品种审定委员会审定。果实圆形，果顶圆平，平均单果重约 161 g，最大单果重 220 g。果实底色黄色，着色近全红，色泽艳丽，果面光洁。果肉黄色，硬溶质，纤维少，风味甜，有香气，可溶性固形物含量为 13.3%。粘核，不裂果。果实发育期约 93 d，在江苏地区 6 月下旬成熟，丰产性好。

16. 中油 7 号

中油 7 号是中国农业科学院郑州果树研究所、广西特色作物研究院选育的油桃品种。果实圆形，果个大，平均单果重约 170 g，最大单果重 300 g。果顶圆平，缝合线浅，梗洼中深、中宽。果皮底色黄色，果实全面着鲜红色。果肉黄色，果肉近核处有少量红色素，硬溶质，风味甜，离核。可溶性固形物含量为 13.2%，可滴定酸含量为 0.3%，可溶性总糖含量为 11.0%，维生素 C 含量为 177.6 mg/kg。果实发育期约 100 d，在山东青岛地区 7 月中旬成熟。

17. 瑞光 28 号

瑞光 28 号是北京市农林科学院林业果树研究所以丽格兰特×瑞光 2 号选育的中熟黄肉浓红型甜油桃品种，2003 年通过审定。果实呈近圆—短椭圆形，果实极大，平均单果重约 250 g，最大单果重约 600 g。果顶圆，缝合线浅，梗洼中等深度和宽度，果皮底色为黄色，果面 80% 着深红色，果实阳面易形成锈斑。果皮厚，不能剥离。果肉黄色，近核处果肉同肉色、无红色素。肉质为硬溶质，多汁，风味较甜，可溶性固形物含量为 12%。果核浅褐色，椭圆形，粘核。果实发育期约 100 d，在北京地区 7 月下旬果实成熟。

18. 中油 8 号

中油 8 号是中国农业科学院郑州果树研究所以红珊瑚×晴朗人工杂交培育而成的晚熟油桃新品种，2009 年通过河南省林木品种审定委员会组织的审定并定名。果实圆形，果顶圆平、微凹，缝合线浅而明显，两半部分较对称，成熟度一致。果实大，平均单果重约 170 g，最大单果重约 250 g 以上。果面光洁无毛，底色浅黄，成熟时 80% 着浓红色，外观美。果皮厚度中等，不易剥离。果肉金黄色，硬溶质，肉质细，汁液中等，风味甜香，近核处红色素少，可溶性固形物含量为 13%～16%，总糖含量为 11.2%，总酸含量为 0.41％，维生素 C 含量为 12.7 mg/kg，粘核。果实发育期约 120 d，在山东青岛地区果实成熟期 8 月上旬。

19. 中油 20 号（S，白肉）

中油 20 号是中国农业科学院郑州果树研究所选育的中熟白肉油桃，S 肉质。果形圆，外观全红，色泽鲜艳。平均单果重185～278 g，口感脆甜，可溶性固形物含量为 14％～16％，粘核，品质优良。留树时间长，极耐贮运。有花粉，极丰产。果实发育期约110 d，7 月中下旬成熟。适合建大型基地，适合远距离运销。

20. 瑞光 38 号

瑞光 38 号是北京市农林科学院林业果树研究所选育的晚熟油桃新品种。果实近圆形，平均单果重约 200 g，最大单果重约 270 g。果面着红色晕，色泽艳丽。果皮厚度中等，不能剥离。果肉黄白色，皮下红色素少，近核处有少量红色素，硬溶质，汁液多，味浓甜，可溶性固形物含量为 12.6％，粘核。花蔷薇形，有花粉，丰产。果实发育期约 120 d，北京地区 8 月下旬成熟。

21. 瑞光 39 号

瑞光 39 号是北京市农林科学院林业果树研究所以华玉×顶香杂交育成的晚熟油桃新品种。果实近圆形，平均单果重约 202 g，最大单果重 284 g。果顶圆，略带微尖，缝合线浅，果面 3/4 或全面着玫瑰红色或紫红色晕。果皮厚度中等，不能剥离。果肉黄白色，近核处有少量红色素，硬溶质，汁液多，味香甜，可溶性固形物含量为 12.5％，粘核。有花粉，丰产。果实发育期约 132 d，在北京地区 8 月下旬至 9 月上旬成熟。

22. 晴朗

晴朗油桃原产于美国，1984 年从澳大利亚引入我国，该品种属极晚熟品种。果实圆形，平均单果重约 200 g。果皮底色橙黄，阳面紫红，稍有条纹。果肉橙黄，可溶性固形物含量为 12.0％，粘核。

耐贮运，采后自然贮放 1 周不腐烂。早期丰产，较抗桃疮痂病和细菌性穿孔病。果实发育期约 150 d，在青岛地区 10 月上旬果实成熟。

23. 中油 21 号

中油 21 号是中国农业科学院郑州果树研究所选育的特晚熟油桃品种。果形圆整，平均单果重约 255 g，最大单果重 420 g。套袋后，果面金黄色，十分美观。果肉黄色，可溶性固形物含量为 18.3%，甜香味浓，品质极上，离核。有花粉，自花结实，极丰产。该品种是 9 月中下旬结果的特晚熟、优质、离核油桃品种。果实发育期约 170 d，在山东青岛地区 10 月中旬成熟。

（四）蟠桃

1. 袖珍早蟠

袖珍早蟠是极早熟白肉蟠桃品种。果实扁平形，果形圆整，果个均匀；果顶凹入，少部分果实裂顶；缝合线中等深度，梗洼浅。果实个头较小，平均单果重约 51 g，最大单果重 62 g。果皮底色为黄白色，果面 1/4 着玫瑰红色晕，主要集中在果顶，茸毛中等。果皮中等厚度，易剥离。果肉黄白色，皮下有少量红色，近核处无红色。肉质为硬溶质，汁液较多，纤维少，风味酸甜，有淡香气。核小，成熟时尚未硬化，粘核。花蔷薇形，粉色，花粉多，自然坐果率高，丰产。果实发育期约 45 d，在北京地区 5 月底果实成熟。

2. 早露蟠

早露蟠是由北京市农林科学院林业果树研究所以撒花红蟠桃×早香玉杂交选育而成。果实扁平型，果顶凹入，缝合线浅。平均单果重约 68 g，最大单果重 95 g。果皮底色乳黄，果面 10% 覆盖红晕，茸毛中等，易剥离。果肉乳白色，近核处微红，硬溶质，质细，微香，风味甜，可溶性固形物含量为 9%。粘核，极少裂核。坐果率高，落果率低，如不进行大幅度疏果，易造成结果太多，果实相互挤压，严重影响果实的商品性。果实发育期为 60～65 d，在山东青岛地区 6 月中旬成熟。

3. 麦黄蟠桃

麦黄蟠桃是中国农业科学院郑州果树研究所选育的品系，果实扁平，平均单果重约 70 g，最大单果重 150 g。果皮乳黄色，着较多红色云霞。果肉黄色，肉厚质细，风味甜，香气浓郁，可溶性固形物含量为 13%～14%，粘核。果实生育期 65 d 左右，在山东青岛地区 6 月下旬成熟。

4. 瑞蟠 13 号

瑞蟠 13 号是北京市农林科学院林业果树研究所选育的早熟蟠桃。果实扁平形，平均单果重约 133 g，最大单果重 183 g。果面近全红，果顶凹入，不裂或个别轻微裂，缝合线浅。果皮中厚，易剥离。果肉黄白色，硬溶质，汁多，纤维少，风味甜，有淡香气，可溶性固形物含量为 11% 以上，耐运输，粘核。该品种容易形成花芽，复花芽多，花蔷薇形，花粉多，早果，丰产。果实发育期约 78 d，在北京地区 6 月底成熟。

5. 蟠桃皇后

蟠桃皇后是中国农业科学院郑州果树研究所选育的品系。果实扁平形，平均单果重约 150 g，果皮底色绿白色，果面着红色。果肉白色、硬溶质，风味甜香，品质极上等，可溶性固形物含量为 12%，粘核。有花粉，极丰产。是观光、自采果园和生产高档果、礼品果的首选。果实发育期约 80 d，在山东青岛地区 6 月下旬成熟。

6. 瑞蟠 14 号

瑞蟠 14 号是北京市农林科学院林业果树研究所选育的早熟蟠桃品种。果实扁平，平均单果重约 137 g，最大单果重 172 g。果形圆整，果个均匀，果顶凹入，不裂顶，缝合线浅。果皮黄白色，果面全面着红色晕，果皮中等厚，难剥离。果肉黄白色，硬溶质，多汁、纤维少，风味甜，有香气，粘核，可溶性固形物含量为11％。该品种易形成花芽，复花芽多，花粉多，丰产。果实发育期约87 d，在北京地区7月上中旬成熟。

7. 早黄蟠桃

早黄蟠桃是由中国农业科学院郑州果树研究所1989年以8－21蟠桃×法国蟠桃杂交选育而成，1997年命名。果形扁平，平均单果重约95 g，最大单果重120 g。果顶凹入，两半部分较对称，缝合线较深。果皮黄色，果面70％着玫瑰红晕和细点，外观美，果皮可以剥离。果肉橙黄色，软溶质，汁液多，纤维中等，风味甜，香气浓郁，可溶性固形物含量为13％～15％，半离核，可食率高，桃汁成品色、香、味俱佳。有花粉，自然授粉坐果率高，各类果枝均可结果，丰产。果实发育期约90 d，在山东青岛地区果实成熟期为7月上旬。

8. 瑞蟠16号

瑞蟠16号是北京市农林科学院林业果树研究所选育的中熟蟠桃品种。果形扁平，平均单果重约122 g，最大单果重159 g。果顶凹入，不裂顶，缝合线浅。果面全面着红色晕，果皮中厚，易剥离。果肉黄白色，硬溶质，多汁，纤维少，风味甜，可溶性固形物含量为11％，粘核。易形成花芽，花蔷薇形，花粉多，自然坐果率高，丰产。果实发育期约96 d，在北京地区7月中下旬成熟。

9. 中蟠13号

中蟠13号是中国农业科学研究院郑州果树研究所选育的蟠桃品种。果形扁平，果顶平，果实大，平均单果重约180 g，最大单果重213 g。果肉厚且细腻，果皮75％着红色，茸毛短，果面干净漂亮，似水洗一般，不撕皮，风味浓甜、香，丰产，综合性状很好，适宜规模化发展。果实发育期约90 d，在山东青岛地区7月上旬成熟。

10. 中蟠 19 号

中蟠 19 号是中国农业科学院郑州果树研究所选育的品系。果形扁平，平均单果重约 210 g，最大单果重 260 g。果面全红色，果肉颜色为橙黄色，肉质厚，可溶性固形物含量为 12.5%。丰产性强。果实发育期约 95 d，在山东青岛地区 7 月中旬成熟。

11. 瑞蟠 19 号

瑞蟠 19 号是北京市农林科学院林业果树研究所选育的中熟蟠桃品种。果形扁平，平均单果重约 161 g，最大单果重 233 g。果个均匀，果顶凹入，部分果实有裂顶现象。果皮底色黄白，果面近于全面着紫红色晕。果皮中等厚，不能剥离。果肉黄白色，硬溶质，多汁，纤维少，风味甜，粘核，可溶性固形物含量为 11.3%。花蔷薇形，花粉多。果实发育期约 119 d，在北京地区 8 月中旬果实成熟。

12. 中蟠 15 号

中蟠 15 号是中国农业科学院郑州果树研究所选育的品系。果形扁平，果顶平。果个较大，平均单果重约 180 g，最大单果重 240 g。果皮着红色，果肉黄色，肉质细腻脆硬，风味香甜，可溶性固形物含量为 12.5%，丰产。果实发育期约 100 d，在山东青岛地区 7 月中下旬成熟。

13. 中蟠 11 号

中蟠 11 号是中国农业科学院郑州果树研究所培育的蟠桃新品种，2014 年通过河南省农作物品种审定委员会审定。果实扁平形，两半部分对称，果顶稍凹入，梗洼浅，缝合线明显且浅。平均单果重约 180 g，最大单果重 240 g。果皮有毛，底色黄，果面 60% 以上着鲜红色，果皮不易剥离。果肉橙黄色，硬溶质，汁液中等，纤维中等。果实风味浓甜，可溶性固形物含量为 14%，粘核，耐运输。果实发育期约 110 d，在河南郑州地区果实成熟期在 7 月中下旬。

14. 银河（白肉）

银河蟠桃的果形扁平，梗洼深，果个大，平均单果重约 200 g，最大单果重 320 g，果面着全面红色，果肉白色，硬溶质，果实风味浓郁，可溶性固形物含量为 14%，粘核。果实发育期约 110 d，在山东青岛地区果实成熟期为 7 月下旬。

15. 中蟠 17 号

中蟠 17 号是中国农业科学院郑州果树研究所培育而成的蟠桃品种。果形扁平，果个大，平均单果重约 250 g，最大单果重 420 g。果实底色黄色，极少着红色，果顶平，肉质细腻，不撕皮，风味浓甜，硬溶质，可溶性固形物含量为 13%，丰产，个别果稍有裂果。发育期约 120 d，在山东地区 8 月上旬成熟。适宜北方地区种植。

16. 玉霞蟠桃（白肉）

玉霞蟠桃是江苏省农业科学院林业果树研究所以瑞蟠 4 号为母本、以瑞光 18 号油桃为父本杂交育成的新品种，2012 年通过江苏省农作物品种审定委员会审定并命名。果实扁平形，平均单果重约 160 g，最大单果重 321 g。果皮底色绿白色，80% 以上着红色或紫红色。果皮厚，不易剥离。果肉白色，肉质硬溶，风味甜，纤维少，可溶性固形物含量为 12.8%，粘核。自花结实，丰产性好。果实生育期约 120 d，在江苏南京地区 7 月下旬成熟。

17. 瑞蟠 24 号

瑞蟠 24 号是北京市农林科学院林业果树研究所从瑞蟠 10 号自然实生后代中选出的晚熟蟠桃新品种，2013 年 12 月通过北京市林木品种审定委员会审定。果实扁平形，平均单果重约 226 g，最大单果重 406 g，梗洼处不易裂皮，粘核。果肉黄白色，硬溶质，风味甜，可溶性固形物含量为 12.6%。有花粉，丰产。果实发育期约 135 d，在山东青岛地区果实成熟期为 9 月上旬。

18. 晚黄蟠

晚黄蟠的果形扁平，平均单果重约 220 g，最大单果重 380 g。套袋果果面金黄，果肉金黄，硬溶质，风味脆甜，可溶性固形物含量为 15%，半离核。果实发育期约 150 d，在山东青岛地区 9 月上旬成熟。

19. 瑞蟠 21 号

瑞蟠 21 号是北京市农林科学院林业果树研究所选育的极晚熟大果型蟠桃。果形扁平，平均单果重约 236 g，最大单果重 294 g。果个均匀，远离缝合线一端果肉较厚，果顶凹入，基本不裂，缝合线浅。果皮底色黄白，果面 1/3～1/2 着紫红色晕，茸毛薄，果皮中厚，难剥离。果肉黄白色，近核处红色，硬溶质，多汁，纤维少，风味甜，较硬，粘核，可溶性固形物含量为 13.5%。该品种有花粉，丰产。果实发育期约 166 d，在北京地区 9 月下旬成熟。

20. 瑞蟠 20 号

瑞蟠 20 号是北京市农林科学院林业果树研究所选育的极晚熟蟠桃品种。果形扁平，平均单果重 255 g，最大单果重 350 g。果个均匀，果顶凹入，个别果实果顶有裂缝，缝合线浅。果皮底色黄白，果面 1/3～1/2 着紫红色晕，茸毛薄，果皮中厚，不能剥离。果肉黄白色，近核处少红色，硬溶质，多汁，完熟后粉质化，纤维少，风味甜，硬度高，可溶性固形物含量为 13.1%。离核，有个别裂核现象。该品种花芽形成好，复花芽多。花蔷薇形，花粉多，丰产。果实发育期约 160 d，在北京地区 9 月中下旬成熟。

（五）油蟠桃

1. 中油蟠 5 号

中油蟠 5 号是中国农业科学院郑州果树研究所培育而成的早熟黄肉油蟠桃品种。果形扁平，平均单果重约 160 g，最大单果重

260 g。硬溶质，可溶性固形物含量为 14%，汁液多，纤维中等，果实风味甜。在多雨季节有细菌性穿孔病发生，抗逆性一般。果实发育期约 80 d，在河南郑州地区 6 月底成熟。

2. 中油蟠 9 号

中油蟠 9 号是中国农业科学院郑州果树研究所培育而成的油蟠桃品种。果形扁平，平均单果重约 170 g，最大单果重 300 g。果肉黄色，硬溶质，可溶性固形物含量为 15%，果实汁液中等，风味浓甜，纤维中等，品质优，粘核。有裂果现象，须套袋栽培。果实发育期约 90 d，在河南郑州地区 7 月上旬成熟。

3. 风味皇后

风味皇后是中国农业科学院郑州果树研究所培育的中熟油蟠桃品种。果形圆盘形，平均单果重约 190 g，最大单果重 320 g。果面底色金黄色，果肉黄色、细嫩，柔软多汁，风味浓郁，口感极佳，可溶性固形物含量为 14%。自花结实，丰产，无裂果和采前落果现象。果实发育期约 90 d，在山东青岛地区 7 月上旬成熟。

4. 中油蟠 7 号

中油蟠 7 号是中国农业科学院郑州果树研究所培育的黄肉油蟠桃品种。果形扁平，圆整美观，平均单果重约 200 g，最大单果重 260 g。果面光洁，不套袋果面亮红色，套袋后果面、果肉均橙黄色，果肉硬溶质，果实风味浓甜，口感好，可溶性固形物含量近 15%，粘核。生长势偏旺，在生长中后期控水控肥以促进花芽的形成和分化，以尽早获得早期的产量，有花粉，丰产。果实发育期约 90 d，在河南郑州地区 7 月中旬开始成熟。

5. 金霞早油蟠

金霞早油蟠是江苏省农业科学院选育的油蟠桃品种。果形扁平，果面整洁平整，果面着艳丽的红色，果顶凹入，缝合线较浅，平均单果重约 130 g，最大单果重 205 g。果实硬度大，果肉金黄色，风味甜，可溶性固形物含量为 14%，基本不裂果，粘核。果实发育期约 90 d，在山东青岛地区 7 月中旬成熟。

6. 中油蟠 4 号

中油蟠 4 号由中国农业科学院郑州果树研究所培育而成。果形扁平，平均单果重约 180 g，最大单果重 240 g。果肉黄色，硬溶质，肉质致密，风味甜，可溶性固形物含量为 15%，有香气，品质上等，粘核。果实发育期约 110 d，在山东青岛地区 8 月上旬成熟。

7. 风味太后

风味太后是中国农业科学院郑州果树研究所培育的中熟油蟠桃。果实扁平，果面光滑，外观金黄无彩色，精致美观。果个大，平均单果重约 120 g 左右，最大单果重 240 g。硬溶质，风味甜香，品质极上等，可溶性固形物含量为 18%～20%，粘核。硬度大，耐贮运。有花粉，极丰产。果实发育期约 105 d，在山东青岛地区 7 月下旬成熟。

8. 瑞油蟠 2 号

瑞油蟠 2 号是北京市农林科学院林业果树研究所选育的中熟油蟠桃。果形扁平，平均单果重约 140 g，最大单果重 230 g。果面近全红，果顶较好。果肉白色，风味甜，硬度较高，可溶性固形物含量为 12.7%，粘核。有花粉，丰产。果实发育期约 110 d，在北京地区 8 月上旬果实成熟，成熟时挂果期比较长。

9. 金霞油蟠

金霞油蟠是江苏省农业科学院以霞光×NF 杂交育成的油蟠桃新品种。果实扁平形，果心无或小，平均单果重约 130 g，最大单果重 230 g。果皮底色黄色，果面 80% 以上着红色，外观艳丽。果

肉金黄色，软溶质，风味甜，可溶性固形物含量为 12.0% ～
14.5%，粘核。该品种早果性好，丰产稳产。果实生育期约 114 d
左右，在山东青岛地区 8 月上旬成熟。

10. 中油蟠 3 号

中油蟠 3 号由中国农业科学院郑州果树研究所培育而成。果形
扁平，果顶圆平，两半部分较对称。平均单果重约 100 g，最大单
果重 232 g。果皮乳黄色，果面 75% 着红晕。果肉黄色，硬溶质，
肉质致密，风味甜，可溶性固形物含量为 13%，有香气，品质上
等。离核，极丰产，基本不裂果。果实发育期约 120 d，在山东青
岛地区 8 月中旬成熟。

三、砧木与育苗

（一）国外桃砧木应用情况

世界各国应用的砧木主要是实生砧木，种类很多。不同的国家或区域应用的砧木不同，不同的砧木特性不同。

美国应用较多是其选育出的 Nemaguard、Guardian、Nemared、Sharpe、Flordaguard 等抗根结线虫的桃砧木。Sharpe 是一个无性系桃树砧木，主要应用于有短寿病的桃园。

法国选育并推广的无性系砧木 GF677，抗重植病效果好，在地中海地区适应性好。GF677 作为桃树主要砧木之一，被世界各国广泛使用，在意大利、法国、西班牙等国都有大量繁殖应用。

匈牙利杂交的桃树砧木 Peda、Pema、Avimag 应用较为广泛，其与桃树、巴旦木嫁接亲和力强，且表现出了生长势强、产量高、死亡率低的优势。耐旱、耐石灰岩土壤，不易患缺铁失绿症（Pal et al.，1998）。

西班牙推广的桃砧木是 Adafuel、Adarcias，抗重植病效果好。

澳大利亚常用的桃砧木有 Okinawa、Green Leaf Nemagard、Red Leaf Nemagard、Flordagard、GoldenQueen。

日本常用的桃砧木是筑波 4 号、筑波 5 号，它们抗根结线虫、抗涝，与栽培品种嫁接亲和性好，但在日本山梨县根癌病多发地区表现有根癌病症状（王雯君等，2009；叶航等，2006）。

（二）国内桃砧木应用情况

1. 应用种类

桃树砧木种类较多，毛桃、山桃、甘肃桃、陕甘山桃、光核桃、新疆桃、扁桃、李、杏、毛樱桃和欧李等均可作为桃树的砧木。

生产上的桃树砧木主要用毛桃和山桃，也有用甘肃桃和陕甘山桃的。杏、李、毛樱桃和欧李作为桃树的砧木或矮化砧木，主要用作盆栽和设施栽培，数量极少。

2. 应用区域

毛桃应用最为广泛，在山东、河北、山西、陕西、河南、甘肃、湖北、湖南、安徽、江苏、浙江、福建、贵州、四川、云南、广东、江西、新疆均有应用；山桃次之，在辽宁、吉林、山东、山西、陕西、河南、甘肃、河北、新疆应用；甘肃桃和陕甘山桃主要在陕西、甘肃、四川北部应用；新疆桃和扁桃在新疆有应用；李主要在江苏、四川、甘肃有应用；杏在甘肃、内蒙古有应用；毛樱桃在浙江、江苏、江西有应用。

3. 应用方式

我国生产上应用的桃砧木主要是毛桃、山桃、甘肃桃和陕甘山桃的种子播种苗，几乎全部为实生砧木。国内有少数单位进行了组培繁殖和扦插繁殖，但量少，尚未在生产上应用。也没有调查到有用压条法繁殖桃砧木的情况。

4. 应用量及分布

2011 年调查国内的 110 个育苗企业，年桃苗出圃能力为 4 334.5万株，因而桃砧木应用量也应在这个数以上。我国桃的主产区和主要育苗区域均在山东、河北、河南、湖北、四川、安徽等地，砧木的应用也主要在上述各省。

5. 应用主体及分布

2011 年调查桃育苗企业，显示山东 37 个、河北 21 个、安徽 10 个、湖北 10 个、四川 8 个等；私营企业（或个体户，下同）占育苗企业的 61.8%，集体企业占 18.2%，股份制企业占 4.5%，国有企业（或单位，下同）占 15.5%。私营企业和集体企业是我国育苗的主体企业，我国桃树育苗呈现出育苗户多而分散、育苗量大而分散的特点。

（三）我国育苗企业现状

1. 育苗企业分布

通过国家桃产业技术体系 15 个综合试验站的调查和对部分果树杂志广告中的企业进行的梳理统计，各省、直辖市的育苗企业（包括育苗户）见图 3-1。

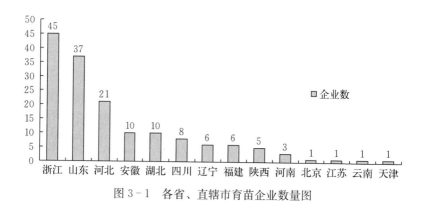

图 3-1　各省、直辖市育苗企业数量图

浙江、山东、河北、安徽、湖北、四川为我国的主要育苗省份，这与我国桃的主产区在山东、河北、河南、湖北、四川等省基本一致。浙江育苗企业多，但基本都是小企业，育苗量不大。

2. 育苗企业组成

我们共调查育苗企业 110 个，其中私营企业 68 个，约占61.8%；集体企业 20 个，约占 18.2%；股份制企业 5 个，约占4.5%；国有企业 17 个，约占 15.5%。我国桃树育苗以私营企业或个体户为主体（图 3-2）。

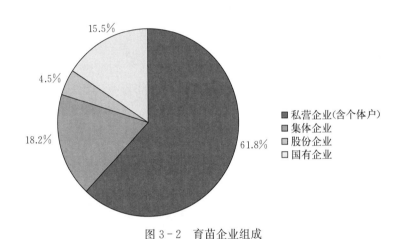

图 3-2　育苗企业组成

3. 骨干企业构成

调查企业的经营年限在 2～41 年。

我们初步认为经营 5 年（含 5 年）以下的企业为不稳定企业，经营 5～10 年的企业为基本稳定企业，经营 10～20 年的企业为稳定企业，经营 20 年以上的企业为品牌企业。

调查结果表明（图 3-3、图 3-4），不稳定企业有 15 个，占24.2%；基本稳定企业有 14 个，占 22.6%；稳定企业有 19 个，占 30.6%；品牌企业有 14 个，占 22.6%。

我们经过改革开放 30 余年的市场选择，我国桃树育苗骨干企业已经形成，以私营企业为主体。不稳定企业仅占 24.2%。

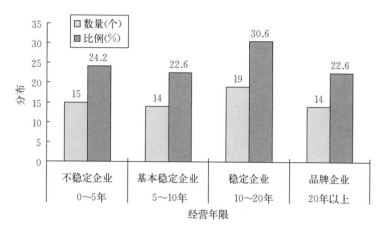

图3-3 不同企业经营年限分布

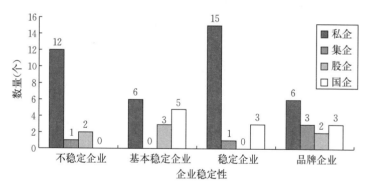

图3-4 不同企业性质分布

4. 企业经营规模

我们调查了育苗企业50个,经营规模为680.4 hm²。

育苗地在20亩*(包括20亩)以下的企业有16个,占企业数量的32%,占经营规模的1.5%;育苗地在20~100亩的企业有8个,占企业数量的16%,占经营规模的6.1%;在100亩以上的企

---

* 亩为非法定计量单位,1亩=1/15 hm²。——编者注

业有 26 个，占企业数量的 52%，占经营规模的 92.4%（图 3-5）。我国桃苗的经营以育苗地 100 亩以上的企业为主体，以 100 亩以下的企业作为有效补充。

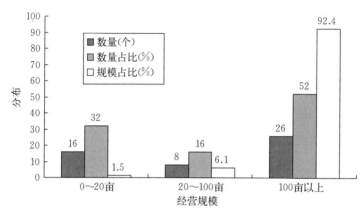

图 3-5 不同企业经营规模分布

有采穗圃的企业有 19 个，占 26.8%；无采穗圃的企业有 52 个，占 73.2%（图 3-6）。苗木企业缺乏严格的质量保证体系，需加强管理、尽快规范。

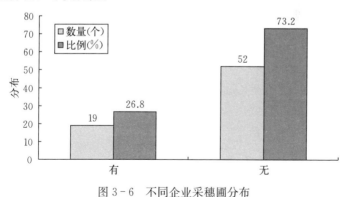

图 3-6 不同企业采穗圃分布

5. 苗木供应能力

调查的 110 个企业，年桃苗出圃能力为 4 334.5 万株。其中私营企业 2 293.5 万株，占 52.9%；集体企业 1 055 万株，占 24.3%；股份制企业 248 万株，占 5.7%；国有企业 738 万株，占 17.0%（图 3 - 7）。

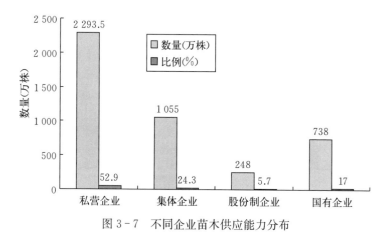

图 3 - 7　不同企业苗木供应能力分布

私营企业和集体企业是我国供应苗木的主体企业，国有企业是新品种苗木的主体企业。

6. 育苗品种构成

调查结果表明：我国北方选育的品种，基本上在北方育苗为主；南方选育的品种，在南方育苗为主。我国选育的早凤王以及中油 4 号、中油 5 号等油桃品种，在我国南北方均有育苗。从美国引进的春雪、美国红蟠以及从日本引进的大久保、新川中岛等品种在我国南北方均有育苗。

7. 苗木销售方向

调查的企业均以本地或本省销售为主，省外销售为辅。中国农业科学院郑州果树研究所、北京市农林科学院林业果树研究所、江苏省农业科学院园艺研究所等育种单位不断推出新品种，面向全国销售。

（四）桃砧木与育苗发展趋势分析

1. 应用特点

(1) 砧木种类多 桃树砧木种类较多，有毛桃、山桃、甘肃桃、陕甘山桃、光核桃、新疆桃，也有扁桃、李、杏、毛樱桃和欧李等。

毛桃在我国各地分布广泛，其适应性、生长势、耐寒力、耐盐碱都比较强，与桃树嫁接亲和力好，根系发达，植株生长旺盛，不耐涝，耐湿性比山桃强。

山桃产于甘肃、陕西、四川、河北、河南、山西等地，作砧木适应性强，耐旱、耐寒、耐盐碱，嫁接亲和力强，但怕涝，地下水位高的桃园易患黄叶病、根癌病和茎腐病。

甘肃桃产于陕甘地区，抗寒、耐旱，红根型有抗线虫特性，嫁接树有矮化作用。

陕甘山桃产于陕西、甘肃、四川北部，抗旱性强而耐湿性差，特性基本同山桃。

新疆桃产于新疆，适应性强，耐瘠薄，抗旱、抗寒能力强，嫁接树有矮化作用，成熟期延迟。

扁桃在我国产于新疆和四川西部，在甘肃、陕西也有少量栽培，抗旱，有矮化作用，但嫁接成活率低，寿命短。

李砧较耐湿、抗寒，亲和力中等，有矮化作用。

杏砧虽根系发达，长势较旺，耐干旱，但嫁接亲和力较差，进入结果期较迟。

毛樱桃抗寒、抗旱、耐瘠薄，具有矮化性。

郁李作桃树砧木，嫁接成活率较高，树体矮化，早始果，早丰产，品质优。

(2) 砧木应用种类相对集中 生产上的桃树砧木主要用毛桃和山桃。应用方式主要是毛桃、山桃的种子播种苗，几乎全部为实生砧木。

(3) 育苗户多，育苗量大 据 2012 年国家桃产业技术体系对 13 个国内桃主产省苗木企业情况调查结果统计，我国有桃树育苗企业 163 个，年桃苗出圃能力为 8 636.7 万株。我国桃的主产区和主要育苗区域均在山东、河北、湖北、四川等地。

苗木企业主要是私营企业（或个体户），占育苗企业的64.1%，集体企业占 17.4%，股份制企业占 5.4%，国有企业（或单位）占 13.1%。在育苗量方面，私营企业占 75.6%，集体企业占 9.7%，股份制企业占 7.4%，国有企业占 7.4%。我国桃树育苗呈现出育苗户多而分散、育苗量大而分散的特点。

2. 存在问题

（1）砧木应用缺乏系统科学依据 育苗户是根据进货渠道简单、长苗快、成本低的原则购种育苗的，育成苗根据市场价成交，对砧木是否适宜不同气候和立地条件不负责任。这种现象常造成种植失败或效益变差。据调查，国内尚没有进行桃树砧木的全面筛选试验，即使对某一种抗性进行的筛选试验也比较少，砧木应用缺乏系统的科学依据。

（2）苗木不规范 多数苗圃没有专门的砧木、品种园和采穗圃，缺乏严格的质量保证体系，苗木生产者仅为了追求经济利益。市场上的苗木不规范，品种混杂，砧木更混乱，标准参差不齐。虽然已颁布了国家标准《桃苗木》（GB 19175—2003），但执行者少，执法监查难度很大。

（3）市场混乱 没有形成明确的价格和有效的约束机制，质量标准难以规范，市场竞争处于一种无序状态，没有形成知名度较高的品牌。产业化体制不健全，组织化程度低。

（4）机械化程度低 育苗是劳动密集型产业，育苗成本的 85%以上是播种、锄地、嫁接、起苗、假植等人工费用，机械化程度低。

3. 发展趋势分析

（1）优良砧木需求 随着桃产业的发展，面临着许多难题，诸如桃重植病、流胶病、根结线虫病等病害，品种抗盐碱性、抗涝性、抗寒性不足以及劳动力缺少带来的管理困难等。世界各国均在通过搜集、筛选甚至选育优良砧木解决上述问题，优良砧木需求迫切。

（2）无性系砧木需求 育苗用的砧木种子价格便宜，育苗简单，但育出苗的整齐度差，适应性不一。这样的苗木难以建立标准化果园、实行规范化管理，难以产生高效益。研制能保持优良性状的无性系砧木能解决上述问题，是发展的方向。

世界各国选育出了一些抗性强的杂交砧木，这些砧木的育苗不能采用实生繁殖或者是通过实生繁殖不能很好地保持该砧木的优良性状，一些优良的遗传特性容易发生分化，产生性状分离。因而要采用扦插以及组织培养等无性繁殖，保持优良性状。

（3）市场规范需求 无序的竞争对苗木生产者和种植者均是一种伤害。应采用标准化生产，提高苗木质量；规范市场管理，提高组织化程度。

（4）机械化育苗需求 随着城市化发展，有文化知识的年轻人加速向城市转移，农村劳动力以文化水平较低和身体素质较差的老人和妇女为主，这对技术和体力依赖度高的育苗产业来讲是严峻挑战。在播种、嫁接、起苗等环节实现机械化，能极大减少劳动力成本，提高育苗成效，这也符合我国农村现状和发展需要。

（5）资源优势 我国地域辽阔、生态多样，是桃的发祥地，有丰富的桃种质资源，这为桃优良砧木的筛选和选育提供了基础。

我国有一大批长期从事桃树研究的优秀科研人员，有众多勤劳好学的育苗技术人员，这为我国桃砧木的选育和育苗产业的发展提供了保障。

4. 桃砧木与育苗发展建议

（1）统一思想，加大重视 优良砧木是培养健壮苗的前提和基础，是桃树早结果、早丰产、达到优质高效的重要保证，是桃产业可持续发展的前提和保障。只有大家都认识并重视桃砧木的选育和育苗技术研究，才能促进我国桃产业升级和可持续发展。

（2）加强科研支持力度 桃树砧木研究虽然取得了一些成绩，但应该看到与产业和社会的需求尚有很大距离。国外的一些国家选育了一些优良砧木，并开始应用于生产，而我国桃树砧木的研究才刚刚起步。今后应加大科研支持力度，从野生资源的收集、保存与利用做起，加强桃树优良砧木选育、砧穗亲和性研究、砧木抗逆性和矮化性的研究等，以尽快选出适宜生产的无性系优良桃砧木。

国外发达国家在播种、嫁接、起苗等育苗环节已进行了机械化研究，取得了一些成果并开始在生产上应用。引进这些技术进行消化和创新，研制出适合我国的育苗机械是当务之急。

（3）**完善质量标准和技术规程** 在现有国家标准的基础上，修订与国际接轨的桃苗木质量标准和与之相适应的育苗技术规程，实行标准化生产。

随着劳动力的减少以及一些优良的桃树砧木的选育推广，未来的桃树育苗越来越倾向于集约化、无毒化，所以，探讨育苗技术、编制专用品种的育苗技术规程是今后桃树育苗的发展趋势。

（4）**发展农民经济合作组织，实行规模化生产经营，着力培育知名品牌** 借鉴国外成立苗木协会的经验，将分散的育苗户组织起来，组成合作社，再将分散的合作社组织起来，形成规模较大的经济合作组织，形成有效的价格约束机制，规范市场秩序，以市场带动生产发展。

按市场规律，把公司的资金优势、管理优势与生产者的土地优势、劳动力优势结合起来，加大规模生产经营力度，解决分散生产与统一国内外大市场、大流通的矛盾，以适应发展的需要。

向发挥资源优势和比较优势的方向发展，使桃苗能参与国际市场竞争，培育知名品牌。

（5）**加强政府管理，促进产业健康发展** 加大立法和执法力度，保护新品种知识产权，规范苗木市场。

建立健全市场信息体系，加强信息网络建设，尽快实现国际、国内网络联通，及时准确地向生产者和经营者提供各种有关信息。

制定相关政策，扶持育苗大企业，引领产业健康发展。

（五）苗木繁殖技术研究

1. 砧木繁育

播种的方法分为秋播和春播。秋播是按照计划好的行株距进行点播，播后浇大水。春播是经过沙藏后进行点播。

GF677 主要是采用硬枝扦插的方式进行繁殖。

2. 苗木繁育

（1）播种深度 山东青岛市农业科学院果茶研究所以青州蜜桃为例，对沙藏种子在不同播种深度下的出苗率的情况连续进行了 3 年的调查，见表 3-1。从出苗率的平均结果看，播种深度以 2.5～4.0 cm 为宜。

表 3-1 连续 3 年沙藏播种深度对出苗率的影响

播种深度 （cm）	2012 年出苗率 （%）	2013 年出苗率 （%）	2014 年出苗率 （%）	平均出苗率 （%）
1.0	38.0	27.0	30.0	31.7
2.5	51.0	43.0	53.0	49.0
4.0	42.0	18.0	65.3	41.8
5.5	17.0	24.0	63.3	34.8
7.0	8.0	20.0	54.0	27.3

种子直播深度对出苗率影响的试验结果与种子沙藏后播种的结果基本一致（表 3-2），播种深度以 2.5～4.0 cm 为宜。

表 3-2 直播深度对出苗率的影响

播种深度 （cm）	2011 年出苗率 （%）	2012 年出苗率 （%）	2013 年出苗率 （%）	平均出苗率 （%）
1.0	35.0	24.0	29.0	29.3
2.5	52.0	39.0	50.0	47.0
4.0	45.0	33.0	61.0	46.3
5.5	16.0	22.0	55.0	31.0
7.0	11.0	17.0	48.0	25.3

（2）播种密度 适宜的播种密度下能够繁育出健壮的苗木。山东青岛市农业科学院果茶研究所以青州蜜桃为例，对播种密度进行

了多年的系统研究。对苗木高度而言，行距相同，品种株距越大，苗木长势越好，苗木的高度随着株距的加大而升高；株距相同，行距不同，不同品种的苗木高度并不都是随着行距的增大有升高的趋势。对苗木粗度来说，在行距一定的情况下，品种的粗度随着株距的加大而增粗；在株距一定的情况下，品种的粗度随着行距的变化没有规律可循。综合考虑每亩育苗株数、苗木长势及经济收入，适宜的育苗行株距为（15～20）cm×30 cm（表3-3）。

表3-3 不同播种密度下苗木生长性状

行株距（cm）	行数	苗高（cm）			苗粗（cm）		
		华玉	瑞红	北京52	华玉	瑞红	北京52
20×10	5	43.3	42.8	52.4	6.18	6.49	6.76
20×15	5	53.6	45.6	55.8	7.34	6.77	8.22
20×20	5	54.5	50.0	62.5	7.88	7.11	9.43
30×10	4	52.5	48.2	54.2	7.64	6.80	8.56
30×15	4	50.0	45.4	54.8	7.30	6.97	8.18
30×20	4	59.6	55.7	56.1	8.22	7.75	8.93
40×10	3	50.3	51.5	53.6	5.67	7.54	6.80
40×15	3	56.5	50.3	55.6	5.95	6.38	7.68
40×20	3	61.4	57.0	55.2	6.08	6.48	8.07

（3）嫁接高度和嫁接时期 嫁接高度不同，苗木长势不同，对苗木高度而言，嫁接高度越高，苗木生长越高。嫁接高度在10～25 cm内，不同品种的生长量基本一致。以苗木外观质量和生产上要求的一年生苗木生长量较大、定干处饱满芽较多、砧段长度不宜过长为标准，适宜的嫁接高度为15 cm左右，嫁接高度最高不超过20 cm，最低不低于10 cm（表3-4）。对苗木粗度来说，嫁接高度为5 cm时苗木粗度最小、长势弱，其他嫁接高度下苗木粗度基本一致。

表3-4 日川白凤（华玉）的苗木高度

嫁接时间	嫁接高度（cm）				
（月/日）	5	10	15	20	25
6/17	51.0	62.5	77.3	70.7	72.4
	(48.6)	(66.2)	(72.0)	(77.8)	(87.1)
6/22	39.8	57.5	61.4	63.1	73.3
	(42.7)	(67.0)	(74.3)	(77.6)	(82.0)
6/27	31.3	45.6	51.5	55.9	72.8
	(44.4)	(50.9)	(55.0)	(63.0)	(71.3)
7/2	41.6	47.6	55.1	57.5	57.0
	(34.7)	(48.1)	(57.2)	(60.3)	(72.3)
7/7	35.9	41.7	44.4	51.5	64.2
	(44.1)	(48.4)	(57.8)	(55.4)	(65.7)
7/12	20.8	22.6	48.3	49.4	58.6
	(32.1)	(42.4)	(51.0)	(56.0)	(61.3)
7/17	30.0	33.1	43.6	41.1	51.5
	(26.5)	(31.8)	(39.9)	(48.4)	(48.9)
7/22	17.3	19.0	27.2	36.6	40.6
	(23.0)	(27.9)	(36.2)	(37.3)	(37.3)
7/27	16.8	26.5	29.8	35.1	43.2
	(13.9)	(17.3)	(28.0)	(31.3)	(43.5)

注：括号内的数字为华玉的苗木高度。

不同的嫁接时期，苗木的高度和粗度也不同。嫁接时间越早，苗木高度、粗度越大。对于单株Y形和三主枝开心形栽培的苗木来讲，以定干高度50cm左右、有饱满芽为宜。在6月27日前嫁接能培育出符合标准要求的苗木，生长势强的品种可适当延迟到7月12日。在土壤肥力较好、加强苗木肥水管理的情况下，可适当推迟嫁接时期。

（4）健壮苗木的培育 一年生的桃苗应越高、越粗、整形带内饱满芽越多越好，需要对苗木进行追肥。追肥时间为7月中下旬，间隔20 d施肥1次。分为单一施用尿素和尿素与复合肥配合施用。

单一施用尿素的情况见表3-5，各施肥处理的苗木高度几乎均比对照高。苗木高度不随施肥量的增加而增大，不同品种均表现出同样的规律。以每亩施5～10 kg尿素的苗木较高。苗木粗度与高度表现出同样的规律。

表3-5　单一施用尿素时不同施肥量下苗木的生长情况

亩施肥量（尿素）（kg）	苗高（cm）			苗粗（mm）		
	华玉	瑞红	北京52	华玉	瑞红	北京52
5	57.5	46.1	57.1	8.10	7.09	8.01
10	54.9	49.2	57.4	8.12	7.44	8.61
15	53.3	47.6	53.2	8.00	7.02	8.51
20	50.9	49.3	54.9	7.76	7.51	8.45
CK	50.3	45.4	54.8	7.64	6.80	8.56

注：表中数据为每个处理中所有苗木的平均数，即表3-6中追施尿素1～4次的平均数。

尿素＋复合肥处理的苗木大多数比单一施尿素的高且粗、长势好。见表3-6，不同施肥量表现出与同一施肥量大体一致。综合不同品种的试验结果，以10 kg尿素分2次施效果较好。

表3-6　施肥对华玉、瑞红、北京52苗木生长的影响

品种	亩施肥量（尿素）（kg）	施肥次数	苗高（cm）		苗粗（mm）	
			尿素	尿素＋复合肥	尿素	尿素＋复合肥
华玉	5	1	57.8	57.8	8.4	8.4
		2	52.3	66.6	7.6	8.8
		3	61.1	64.1	8.2	8.1
		4	58.6	63.1	8.2	8.4

（续）

品种	亩施肥量（尿素）（kg）	施肥次数	苗高（cm）		苗粗（mm）	
			尿素	尿素＋复合肥	尿素	尿素＋复合肥
华玉	10	1	51.5	51.5	8.0	8.0
		2	53.8	66.6	8.3	9.1
		3	59.2	62.7	8.0	8.7
		4	55.1	62.7	8.2	9.6
	15	1	52.2	52.2	8.3	8.3
		2	54.8	57.8	7.9	8.6
		3	51.4	58.4	7.3	7.9
		4	54.7	59.8	8.6	8.7
	20	1	45.4	45.4	7.1	7.1
		2	53.4	57.0	8.4	8.0
		3	56.9	62.1	8.4	9.3
		4	47.7	58.2	7.2	7.7
瑞红	5	1	45.8	45.8	6.9	6.9
		2	47.0	51.2	7.1	7.2
		3	49.9	57.0	7.5	7.4
		4	49.5	53.4	6.9	6.5
	10	1	47.3	47.3	7.2	7.2
		2	51.0	60.7	7.9	8.7
		3	51.6	54.3	7.5	7.1
		4	47.3	47.3	7.2	7.2
	15	1	49.1	49.1	7.3	7.3
		2	47.1	58.9	6.8	8.3
		3	46.8	42.6	6.8	6.5
		4	47.2	53.2	7.2	7.2
	20	1	47.9	47.9	7.7	7.7
		2	51.1	46.2	7.7	7.0
		3	47.5	52.3	6.8	7.5
		4	50.6	51.7	7.9	7.2

（续）

品种	亩施肥量（尿素）（kg）	施肥次数	苗高（cm）		苗粗（mm）	
			尿素	尿素＋复合肥	尿素	尿素＋复合肥
北京52	5	1	50.1	50.1	7.7	7.7
		2	57.0	59.3	8.3	7.9
		3	59.3	55.3	7.7	8.1
		4	61.8	69.6	8.3	8.3
	10	1	57.0	57.0	8.8	8.8
		2	60.9	56.3	9.0	8.6
		3	54.9	66.5	8.1	9.4
		4	56.6	60.6	8.6	8.4
	15	1	54.9	54.9	8.7	8.7
		2	51.3	58.4	7.9	8.5
		3	55.5	59.4	9.2	9.2
		4	51.0	56.5	8.3	8.4
	20	1	52.1	52.1	8.5	8.5
		2	55.8	66.2	8.2	9.3
		3	56.2	58.9	8.3	8.1
		4	55.6	55.8	8.4	8.3

注：表中的数据是3次重复的平均数。

综上，2种施肥方法综合比较，尿素＋复合肥的施肥方式较全施尿素的效果好。

（5）苗木标准（源自王力荣研究员的资料） 优质苗木是获得早实、丰产、优质的前提。优质苗木应生长健壮、根系发达、细根多、茎干粗壮。具体指标如下：

① 二年生苗质量标准（一级）。每株苗侧根数量4条以上，侧根长度20 cm以上、粗度0.5 cm以上，砧段长度10～15 cm，苗高100 cm以上，苗粗1.5 cm以上，茎倾斜度小于15°，整形带内饱

满芽数量 10 个以上。

② 一年生苗质量标准（一级）。每株苗侧根数量 4 条以上，侧根长度 15 cm 以上、粗度 0.5 cm 以上，砧段长度 10～15 cm，苗高 90 cm 以上，苗粗 1.0 cm 以上，茎倾斜度小于 15°，整形带内饱满芽数量 8 个以上。

③ 芽苗质量标准。每株苗侧根数量 4 条以上，侧根长度 20 cm 以上、粗度 0.5 cm 以上，砧段长度 8～12 cm，苗粗 1.2 cm 以上，嫁接芽饱满，不萌发，接芽愈合良好，芽眼露出。

（6）桃树苗木实生播种繁育技术规程

① 范围。本标准规定了桃树苗木二年生、一年生、芽苗繁育应用的实生砧木、种子处理、播种方法、播种密度、嫁接后的管理、苗木的质量要求、出圃及包装、等级判定规则的技术规程。本标准适用于苗木的生产和销售。

② 术语和定义。实生砧、侧根数量、侧根粗度、侧根长度、砧段粗度、砧段长度、茎倾斜度、嫁接口愈合程度、苗木粗度、苗木高度、整形带、饱满芽、二年生苗木、一年生苗木、芽苗、检疫对象等术语解释按照《桃苗木》（GB 19175—2010）（2011 年 1 月 14 日发布，2012 年 1 月 1 日实施）执行。

③ 砧木的选择。砧木对嫁接树的风土适应能力、生产性能及其经济效益都有直接的影响。砧木应对栽植地环境适应性强，与桃品种亲和力强，树寿命长，大小脚现象不明显，根系发达，抗根癌病。应用的砧木有青州蜜桃、新疆桃、陕甘山桃、黑刺李、樱桃李（匈牙利）。

④ 播种育苗。砧木种子采集于生长健壮、无病虫害的植株，种子纯度较高。果实充分成熟时采集，挑出病虫果、畸形果和不成熟果实，经过搓洗去掉果肉，捞出未成熟的种子，将饱满的种子用 50% 的多菌灵可湿性粉剂 800 倍液浸泡 10 min 进行表面杀菌后，在阴凉通风的地方晾干。

种子沙藏在 11 月上旬至 12 月底均可进行，应越早越好。根据播种量的多少，选好浸种池（药池、水池）。若无现成的浸种池，可挖浸种坑，坑底铺好塑料地膜，加水并不断搅动，浸种 7～10 d。沙藏地选择在闲置的空房内或背阴、冷凉、干燥的地方。将湿沙与种子按（4～5）∶1 的比例混合，湿度以手握成团、松手即散为宜，堆成高 45 cm 左右，上覆盖 10 cm 厚的湿沙。沙藏期间定期检查，防止沙子干燥。

育苗地要选择地势平坦、土层较厚、土质疏松、肥力较高、不宜积涝、无检疫病虫害的沙壤土或壤土地。切忌重茬地育苗。根据苗圃地的大小和环境条件，规划道路和灌溉渠道。育苗地在入冬前每亩施腐熟有机肥 4 000 kg 并深翻，开春后及时耙细、整平、做畦。畦面宽 1 m，畦埂宽 30 cm，长度因地块而定。

种子播种有两种方式，一是直播，一般在 11 月中旬进行，将浸泡 7～10 d 的种子播在整好的畦面内，每畦播种 4 行，深度为 2～3 cm，每 6 cm 左右 1 粒，播后覆土，后灌大水，出苗后种苗长势强、粗壮，育苗者多采用种子直播的方式进行育苗；二是沙藏播种，一般在 3 月上中旬进行，将沙藏后发芽长度在 0.5～2 cm 的种子，按上述种子直播的方法进行。

播种密度大小决定苗木长势、粗壮程度，行株距以 15（～20）～30 cm 较适宜，每亩育苗 1 万～1.3 万株。种子直播或沙藏种子播种出苗后，间苗到正常株距。

⑤嫁接。接穗应从品种纯正、树势健壮、结果良好、果品优质、无病害的母株上采集，要求采集腋芽饱满充实的一年生枝条，随采随用。短时间贮藏可将接穗用湿毛巾包住，装入塑料袋中放到冷库或冰箱中。嫁接时间越早越好，一般在 6 月进行，嫁接部位粗度达到 0.4 cm 以上时即可嫁接；嫁接时间最晚可到 7 月 20 日；再晚嫁接可作为半成品苗或二年生苗。嫁接高度为 10～15 cm。嫁接方法采用带木质部芽接。嫁接后进行记录，嫁接品种应以畦为单位，若品种量小则以行为单位。每嫁接一个品种需要标记，一般用颜色较明显的油漆标记（红、黄、白、蓝），标记在嫁接口的下方，品种间标记的苗木株数在 10 株左右，同时进行记录、备案。

⑥ 接后管理。一般嫁接 15 d 后进行检查，凡接芽芽体与芽片新鲜的即已成活；若芽片萎缩即未成活，应在可嫁接的时间内进行补接，生长季节可补接 1～2 次，芽体嫁接 15 d 后可进行。

剪砧的位置在接芽上 0.5 cm 处，补接苗待芽体成活后剪砧，结合剪砧，同时解绑。采用薄膜厚度为 0.06 mm 的地膜作为绑膜，生长期间不用解绑，苗木出圃时进行处理。

接芽萌发，新梢长到 10 cm 后要及时除掉砧木上的萌芽和其上的枝条，除萌要进行 3～4 次。新梢长到 20～30 cm 时在苗旁立支柱，将新梢绑缚在支柱上，使新梢直立生长。苗木生长期间，每亩追施速效尿素 10～15 kg，追施 2～3 次。若后期结合追施复合肥，苗木健壮程度比全追尿素好。每次追肥后灌水。

⑦ 病虫害防治。主要防治蚜虫、红蜘蛛等虫害和褐斑病、穿孔病等病害。

⑧ 苗木出圃。圃内苗木落叶达到 80% 即可出圃。苗木出圃前 2～3 d 灌水，挖苗时不要伤树皮、40 cm 以上的芽和根系。苗木出圃时不同品种用不同颜色的扎绳捆绑，50 株为一捆，拴好标签。

⑨ 苗木检疫。按照植物检疫的规定，对用苗单位提出的检疫病虫害进行检疫。

⑩ 苗木假植。在田间选择背风向阳处挖假植沟，深 50 cm、宽 50 cm，长度依苗量而定，随放随填细土或河沙，填埋结束后灌透水，使苗木根系与土壤充分接触。

⑪ 苗木运输。苗木远距离运输必须进行保湿包装，苗木捆好后在泥浆中均匀蘸根，然后用塑料布包裹，在捆间填充湿稻草等保湿，苗木装车后要包严压紧防透风，运输过程越快越好，卸车后立即进行定植或假植。

苗木质量要求：苗木应生长健壮，根系至少有 3～4 个以上骨干根，分布均匀，舒展不卷曲，根长 15 cm 以上，并有较多的侧根和须根。二年生苗干基部粗度应在 1 cm 以上，苗干高度应在 1 m 以上。一年生苗粗度应在 0.5 cm 以上，高度应在 70 cm 以上。接砧和剪砧的剪口应完全愈合。无根癌病和根结线虫病，无介壳虫。

3. 整形需求与苗木类型

生产上应用的苗木大致有 3 种类型，分别是二年生苗、一年生苗和芽苗。根据不同的整形需求可选择不同的苗木类型，山东青岛市农业科学院对这项工作做了多年的研究，研究结果如下：

① 苗木类型和整形方式对开花株率是有影响的，见表 3 - 7。对于双 Y 形和主干形这两种整形方式来说，3 个品种不同苗木类型的开花株率基本呈现为二年生苗＞一年生苗＞芽苗；对于 Y 形整形方式，3 个品种不同苗木类型的开花株率变化规律不尽相同，北京 52 号和华玉的二年生苗的开花株率最高，瑞红的一年生苗的开花株率最高，芽苗的开花株率均较低。综合 3 个品种的开花株率来看，双 Y 形和 Y 形这两种整形方式选择苗木类型的次序为二年生苗、一年生苗；主干形整形方式选择苗木类型的次序为二年生苗、一年生苗、芽苗。

表 3 - 7 3 个品种不同苗木类型和整形方式的开花株率

品种/苗木类型	开花株率（%）		
	双 Y 形	Y 形	主干形
北京 52 号/二年生苗	88.9	88.9	73.3
北京 52 号/一年生苗	66.7	77.8	33.3
北京 52 号/芽苗	55.9	16.7	26.7
瑞红/二年生苗	33.3	33.3	100.0
瑞红/一年生苗	33.3	55.0	62.5
瑞红/芽苗	0.0	22.2	20.0
华玉/二年生苗	100.0	77.8	88.9
华玉/一年生苗	55.0	0.0	66.7
华玉/芽苗	33.3	0.0	66.7

② 苗木类型和整形方式对坐果数也是有影响的，见表 3 - 8。双 Y 形和 Y 形这两种整形方式，3 个品种不同苗木类型的坐果数基本表现为二年生苗＞一年生苗＞芽苗，二年生苗与一年生苗、芽苗之间大部分差异显著，一年生苗与芽苗之间差异均不显著。主干

形整形方式下 3 个品种的坐果数表现不尽一致，北京 52 号芽苗最多，3 种苗木类型之间差异大部分不显著；瑞红和华玉的二年生苗最多，瑞红的二年生苗与一年生苗、芽苗之间差异显著，华玉的 3 种苗木类型之间差异不显著。综合 3 个品种的坐果表现，双 Y 形、Y 形这两种整形方式选择苗木类型为二年生苗，主干形整形方式选择苗木类型的次序为二年生苗、芽苗、一年生苗。

表 3 - 8　3 个品种不同苗木类型和整形方式的坐果数

品种/苗木类型	坐果数（个/株）		
	双 Y 形	Y 形	主干形
北京 52 号/二年生苗	9.8bc	10.4a	9.2ab
北京 52 号/一年生苗	0.8d	1.9ab	3.7b
北京 52 号/芽苗	0.8d	0.1b	13.2ab
瑞红/二年生苗	17.4a	2.6ab	19.5a
瑞红/一年生苗	3.2cd	0.5b	4.4b
瑞红/芽苗	0.0d	0.5b	3.2b
华玉/二年生苗	11.9ab	10.4a	7.7ab
华玉/一年生苗	1.0d	0.0b	2.3b
华玉/芽苗	0.2d	0.0b	3.5b

注：同列不同小写英文字母表示在 0.05 水平下差异显著。

从一年生树的生长情况（表 3 - 9）可初步看出：对双 Y 形整形方式来讲，选择的苗木类型次序为二年生苗、一年生苗、芽苗；对 Y 形和主干形这两种整形方式来讲，选择的苗木类型次序均为二年生苗或一年生苗、芽苗。

表 3 - 9　3 个品种不同苗木类型和整形方式下一年生树的树体生长情况

品种/苗木类型	树形	树高（cm）	冠径（cm）	干周（cm）	≤30 cm 枝量（个）	总枝量（个）
华玉/二年生苗	双 Y 形	223a	199a	13.6a	69ab	130ab
华玉/一年生苗	双 Y 形	190abc	149cde	11.2c	48bcde	99abc

（续）

品种/苗木类型	树形	树高 （cm）	冠径 （cm）	干周 （cm）	≤30 cm 枝量 （个）	总枝量 （个）
华玉/芽苗	双 Y 形	195abc	138de	12. 1abc	30e	56d
瑞红/二年生苗	双 Y 形	183bc	168bc	12. 0bc	75a	137a
瑞红/一年生苗	双 Y 形	177bc	150cde	11. 5bc	64abc	113abc
瑞红/芽苗	双 Y 形	190abc	160bcd	11. 7bc	41de	93bcd
北京 52 号/二年生苗	双 Y 形	210ab	178ab	13. 0ab	56abcd	89cd
北京 52 号/一年生苗	双 Y 形	180bc	149cde	11. 1c	46cde	84cd
北京 52 号/芽苗	双 Y 形	170c	125e	11. 4bc	44cde	77cd
华玉/二年生苗	Y 形	200ab	148a	15. 3a	45ab	82a
华玉/一年生苗	Y 形	170abc	124abc	13. 3ab	33ab	63ab
华玉/芽苗	Y 形	150c	92c	11. 7b	26ab	47b
瑞红/二年生苗	Y 形	210a	105bc	13. 7ab	27ab	43b
瑞红/一年生苗	Y 形	187abc	134abc	13. 4ab	48a	86ab
瑞红/芽苗	Y 形	193ab	124abc	12. 7ab	22b	63ab
北京 52 号/二年生苗	Y 形	190ab	119abc	13. 6ab	49a	84a
北京 52 号/一年生苗	Y 形	183abc	133ab	13. 7ab	43ab	81a
北京 52 号/芽苗	Y 形	160bc	127abc	11. 5b	38ab	67ab
华玉/二年生苗	主干形	223a	140a	13. 1ab	35a	86a
华玉/一年生苗	主干形	217abc	130a	12. 6ab	19bcd	67ab
华玉/芽苗	主干形	173bcd	85bc	10. 3bc	13d	34bc
瑞红/二年生苗	主干形	240a	122ab	13. 0ab	29ab	59abc
瑞红/一年生苗	主干形	193abcd	114abc	10. 3bc	20bcd	47bc
瑞红/芽苗	主干形	163cd	112abc	10. 4bc	18cd	44bc
北京 52 号/二年生苗	主干形	247a	128a	14. 1a	27abc	49bc
北京 52 号/一年生苗	主干形	200abcd	103abc	11. 3abc	20bcd	38bc
北京 52 号/芽苗	主干形	157d	78c	8. 3c	16d	28c

注：同列同一树形不同小写英文字母表示在 0. 05 水平下差异显著。

从另一个三年生树试验园的生长情况（表3-10）可以看出：双 Y 形整形方式选择的苗木类型次序为二年生苗、一年生苗、芽苗；Y 形整形方式 3 种苗木类型的生长量大体相当，选择不分先后；对主干形整形方式来讲，3 种苗木类型在树高、干周方面大体相当，芽苗在冠径和总枝量方面表现出一定优势，因此选择的苗木类型次序为芽苗或一年生苗、二年生苗。

表3-10　3个品种不同苗木类型和整形方式的三年生树的树体生长情况

品种/苗木类型	树形	树高（cm）	冠径（cm）	干周（cm）	≤30 cm枝量（个）	总枝量（个）
华玉/二年生苗	双 Y 形	290a	290a	23.9a	140ab	306ab
华玉/一年生苗	双 Y 形	250b	290a	23.0a	146ab	323a
华玉/芽苗	双 Y 形	230bc	240b	17.9bc	85de	168de
瑞红/二年生苗	双 Y 形	200cd	235b	14.8de	132b	232c
瑞红/一年生苗	双 Y 形	170d	205c	12.9ef	99cd	196d
瑞红/芽苗	双 Y 形	220bc	245b	16.1cd	103c	274b
北京52号/二年生苗	双 Y 形	240b	295a	19.2b	158a	325a
北京52号/一年生苗	双 Y 形	180d	255b	14.2ef	155a	291ab
北京52号/芽苗	双 Y 形	170d	175d	11.0f	76e	142e
华玉/二年生苗	Y 形	330a	285bc	27.0b	139a	259c
华玉/一年生苗	Y 形	260b	300abc	25.7b	94bc	232d
华玉/芽苗	Y 形	250b	240d	25.4b	78cd	180ef
瑞红/二年生苗	Y 形	250b	305abc	24.0bc	93bc	260c
瑞红/一年生苗	Y 形	230bc	315ab	22.0c	106b	280b
瑞红/芽苗	Y 形	260b	335a	30.3a	128a	358a
北京52号/二年生苗	Y 形	230bc	280bc	24.3b	64d	176f
北京52号/一年生苗	Y 形	200c	295bc	26.0b	79cd	194e
北京52号/芽苗	Y 形	200c	270cd	24.0bc	104b	215d
华玉/二年生苗	主干形	330ab	125c	13.8c	99a	131bc
华玉/一年生苗	主干形	330ab	145bc	14.4c	63c	103d

（续）

品种/苗木类型	树形	树高（cm）	冠径（cm）	干周（cm）	≤30 cm枝量（个）	总枝量（个）
华玉/芽苗	主干形	300bc	195a	15.1c	84ab	133bc
瑞红/二年生苗	主干形	330ab	160b	20.4b	64c	123c
瑞红/一年生苗	主干形	330ab	190a	19.2b	69bc	134bc
瑞红/芽苗	主干形	330ab	190a	19.6b	55cd	132bc
北京52号/二年生苗	主干形	350a	150bc	21.0b	55cd	147b
北京52号/一年生苗	主干形	300bc	200a	22.9a	62c	168a
北京52号/芽苗	主干形	280c	125c	20.0b	39d	146b

为了达到早果、早丰的栽培目的，综合3个品种不同苗木类型和整形方式的树体生长坐果情况可初步得出：双Y形整形方式选择苗木类型的次序为二年生苗、一年生苗、芽苗；Y形整形方式3种苗木类型均可；主干形整形方式选择的苗木类型次序为芽苗或一年生苗、二年生苗。

四、建园与种植

（一）对环境条件的要求

桃树是落叶果树中适应性较强的树种，全国自北向南都有桃的分布。桃原产于中国海拔较高、日照长、光照强的西部地区，有喜光、耐旱、耐寒、忌涝等特性。

1. 温度

桃树经济栽培区在北纬 25°～45°。南方品种群适宜的年平均气温为 12～17 ℃，北方品种群为 8～14 ℃。

桃的一般品种可耐 -25～-22 ℃ 的低温，北方冬季严寒、生长季热量不足、早春变温剧烈，都是桃树栽培的限制因子。桃的花器耐寒力弱，花蕾期受冻温度为 -6.6～-1.7 ℃，开花期和幼果期受冻温度为 -2～-1 ℃ 和 -1.1 ℃，根系在 1～3 月能抗 -11～-10 ℃ 低温，3 月下旬后 -9 ℃ 即受害。

桃树是对低温最敏感的树种，若低温不足，则不能顺利通过休眠，发芽不整齐，开花延迟，落花落果。不同品种，需冷量不同。需冷量变化在 250～1 150 h，集中分布在 750～900 h。

2. 光照

桃树对光照反应敏感，表现为树冠小、干性弱、树冠稀疏、叶片狭长。若光照不足，则树体同化产物少，根系发育差，枝叶徒长，结果部位外移，出现枝叶枯死、花芽分化不良、产量低、品质差的现象。若直射光过强，则土壤干旱时，枝干、果实易日灼。

3. 土壤

桃树对土壤适应性广，在丘陵、平原均可种植，在黏土或沙土上也能栽培。桃喜微酸性土壤，pH 以 4.6～6.0 为宜。在碱性土壤中易得缺铁黄叶病，土壤含盐量达 0.28% 以上则生长不良，或引起植株死亡，在盐碱地栽培桃树需先改良土壤。

（二）园地选择与建园

适宜经济栽培区域：以冬季绝对低温不低于 -25 ℃ 的地区为北界，以冬季平均温度低于 7.2 ℃ 的天数在 1 个月以上的地区为南界。

适宜地势：山地、坡地通风透光，排水良好，桃树病虫害少，能满足桃树喜光忌涝的要求，是理想的栽培地势。地下水位高的地方和盐渍地一般不要建园，必须改良后再建。

适宜的土壤条件：疏松肥沃、排水通畅、有水浇条件的沙壤土适宜桃树栽培。

黏土地不宜建园：桃树根系好氧，而黏土地通气性差。黏土地建园后，桃树易徒长，易患流胶病、茎腐病，果实裂果重，必须改良后再建。

重茬地不宜建园：重茬地建园往往出现桃树生长衰弱、产量低或生长几年后突然死亡等异常现象，也易发生流胶病和溃疡病，或出现木质部、韧皮部变褐等症状。其原因较复杂，有营养缺乏和残留物分解产生毒物 2 种说法。一般实行休闲轮作、客土、土壤熏蒸、多施有机肥、加盖薄膜等方法解决；目前也在研究抗性砧木，近几年的研究表明 GF677 砧木较耐重茬土壤。

（三）栽植与高接技术

1. 栽植密度

栽植密度与品种特性、土壤条件、肥水管理等因素有关。一般

Y形树的栽植密度为 2 m×（4～5）m，三主枝开心形树的栽植密度为 3 m×4 m 或 3 m×5 m，主干形树的栽植密度为（1～2）m×（3～5）m，纺锤形树的栽植密度为 2 m×（4～6）m。

以上栽培密度都是在人工操作的情况下进行的，随着劳动力费用支出的大幅提升，大型或小型机械的应用逐渐被果农所认可，机械化是以后桃业生产的必然趋势，所以，新建果园的行距一般采用的是 5～6 m，株距随不同整形方式不同，一般采用 1～3 m。

栽植密度可以分为永久性密度和变化性密度。上面提到的栽植密度均为永久性密度。变化性密度也叫计划性密度，就是先稀后密的栽植方式，一般是在永久性定植树的株、行间实行加密栽植。这种栽植方式有很多优点，包括充分利用地力、获得早产早丰、提高前期产量、适时间伐以维持高产优质等。

2. 配置授粉树

很多桃树品种没有花粉或花粉极少，必须配置授粉树。已经推广的桃树优良品种中，多数没有花粉或花粉极少，如青研 1 号、砂子早生、安农水蜜、仓方早生、丰白、川中岛白桃、阿布白桃等。

授粉品种的花期应与主栽品种相遇，花粉量大，亲和力高，且经济价值较高。较好的授粉品种有春元、春艳、日川白凤、燕红等。

授粉树与主栽品种树的比例一般为 1∶4，但 10 m 以内应有 1 株授粉树，以保证产量。主栽品种与授粉品种均有大量花粉时，可适当放宽。

授粉树的栽培方式有多种，可以成行定植，也可梅花形定植。

3. 定植及注意的问题

宜在春季栽植。由于北方地区冬季干冷、风较大，小树苗容易失水，因根系无法从土壤中吸水补充，所以容易干枯死亡。春季 3 月中旬后，地温迅速上升，栽植的树能很快生新根并从土壤中吸水，因而这时栽树易成活，并且长势好。

为了提早结果、早收益，可实行双株 Y 形栽植方式。

为了防止涝害，应实行起垄栽培。

定植前先挖出宽度为 1 m 的定植带，将一些杂草或作物秸秆放在定植带内，再从定植带外取一些表土放置其上。然后再将发酵好的鸡粪、猪粪等与定植带外的表土混均，添加在定植带上，并起垄，高度为 0.4 m。一般亩施基肥 5 000 kg。最后再在沟内放足水，沉实。水渗后取表土整理好垄。在北方地区提倡春季栽树。秋季果树落叶后气温、地温迅速下降，此时栽树，根系不能发新根，也就是说，它不能从土壤中吸收水分。

栽植时，一定要用脚踏实，使根与土壤密切接触。栽植的深度以基砧与接穗的接口处与地面持平或略高于地面为宜。栽完树后，应用地膜覆盖，以保湿增温。

定植带是由表土与肥料筑成，透气性强，养分足，因而有利于小树苗快速生长成形，提高果树的早期产量。

树不能栽植太深。因为深层土春季回温慢并且透气性差，不利于小树苗的早长、快长。

4. 高接技术

桃树的高接换头有两个目的，一是新品种的保存，二是劣质园的品种更新。新品种保存主要是通过资源的收集与评价。劣质园的品种更新主要是通过改接优良品种，改善果实品质，提高单位产量，换取较高的经济效益，解决新建园土壤重茬的问题。

（1）高接的时期 生长季高接一般在 9 月上中旬进行。过早易流胶，过迟则温度过低影响嫁接成活率。

春季高接一般在 3 月上中旬进行。

（2）高接的方法 在高接之前，要确定高接的部位和芽数，为了尽快恢复和扩大树冠，嫁接的芽数多一些为好。具体数量可根据树冠的大小和枝组的多少而定。嫁接部位距树体主干要近。

高接注意事项：高接树以二至三年生最好，主枝枝龄小，嫁接成活率高；四至六年生树可在主枝上多接侧枝，以保持原来的树形。当年嫁接，第 2 年成形，第 3 年保持原树产量。

（3）高接后的管理 生长季高接后第 2 年春萌芽前在接芽上方 1 cm 处剪去砧木枝条，接芽长到 15～20 cm 时摘心。在 6 月中下旬，树势过旺时可喷一遍 150 倍液 PBO（果树促控剂），缓和枝条长势，促进花芽分化。

五、土肥水管理技术

（一）土壤管理新技术

以前的桃树管理主要采用清耕制，优点是无杂草与果树争夺养分和水分；表土疏松，春季地温上升快，能切断土壤毛细管，减少水分蒸发，有利于保墒；经常中耕松土，土壤表层透气性好，有机质分解快，硝态氮较多。缺点是频繁耕锄，破坏了土壤结构，地表裸露，易受干湿、冷热变化的影响，0～20 cm 土层内根系很少，使最肥沃的表土层变成无效层。所以清耕不是理想的土壤管理制度。

1. 覆草制

覆草制是目前较理想的土壤管理制度。覆草后减少了土壤水分的蒸发，下大雨也不发生地表径流，土壤含水量常年保持在13％～16％的范围内，具有良好的保墒作用，对旱地果园极为有利。覆草后，土壤的温度变化相对减缓，夏季高温以及冬季低温的变化程度比清耕制小，有利于根系的周年生长。秋冬季结合施基肥，将覆草翻入地下，能增加土壤有机质含量，改善土壤结构，有利于土壤微生物活动，增强了土壤的贮肥水能力。覆草后，肥沃的表土层变成了生态稳定层，扩大了根系的活动范围，为壮树、增产创造了条件。覆草后，也省去了锄地等用工。但覆草后应注意防火，这也是其不足之处。

覆草时间一般在5月下旬雨后或浇水后进行，可选用麦秸、稻草、野山草、豆秸、玉米秸等作为覆盖物，覆盖于树盘或树畦内，每亩放2 000～2 500 kg。秋冬季结合施基肥翻入地下，次年再重复进行。

2. 果园生草制

果园生草制在国外应用较多，是一种土地自养的好方法，目前国内应用越来越多。所种的草多系豆科植物，根系可以固氮，茎叶是很好的有机肥料，能为土壤增加有机质，增加根际土壤的团粒结构，能防止土壤冲刷和侵蚀。但生草与树体存在着竞争肥水的矛盾，从长期来看效益明显，但短期效果不理想。

（二）施肥技术

1. 施肥时期和方法

施基肥应在秋季进行，因为此时的叶功能仍强，又值根系生长高峰，良好的肥水管理有利于伤口愈合和恢复根系生长，增加树体贮藏营养。较好的施肥方法是环状沟施，即从树冠外缘向外挖宽50 cm、深 60 cm 的环沟，把肥和土充分混合后施入。

2. 追肥时期和方法

一般果园追肥 3～5 次，具体的次数和时间要根据品种、产量、树势及各自果园的情况进行调整决定。第一次在萌芽前，以速效氮为主，此时追肥的作用是促进萌芽生长、增强树势、提高坐果率。第二次是开花前后，以氮肥为主，并辅以硼肥，作用是补充开花、坐果及新梢生长所消耗的营养，同时促进养分向中短枝中转移，促进果实发育。第三次在果核开始硬化期，以钾肥为主，磷、氮肥配合，作用是促进种胚和果实发育，为花芽分化做好物质准备。第四次是在采收前 2～3 周，施钾肥或氮、钾肥结合，此时果实迅速膨大，追肥可有效增产和提高品质。第五次是在采收后，以复合肥为主，作用是补充大量结果所消耗的营养，充实组织和花芽，增加树体营养和增强越冬能力。

追肥方法主要采用放射状沟施、环状沟施或者多点穴施。

3. 施肥量的确定

目前，多数果农是凭经验施肥，盲目性大，效果不佳。果树的目标产量、土壤状况、品种、树龄及树势不同，施肥量和施肥时期亦不相同。

（1）**氮肥** 桃树对氮素较为敏感，幼树期和初果期应该注意适当控制，进入盛果期应增加氮肥施用量，更新衰老期应偏施氮肥。一年中氮肥施用次数和施肥时期应根据桃品种差异和生长结果情况灵活掌握。一般早熟品种在硬核期和养分回流期分2次施入，施用量分别占全年总施氮量的40％和60％。中晚熟品种可在花芽生理分化期、果实膨大期和养分回流期分3次施入，分配比例为40％、20％和40％，养分回流期作为基肥施入的氮肥可与有机肥混合施用。追肥方法可采用放射沟施法，以树干为中心，以树冠投影外缘为沟长，距主干1 m左右处向外呈放射状挖4～8条沟，宽30～40 cm，深30 cm左右。采用水肥一体化技术可以减少30％的氮肥施用量。推荐氮肥用量见表5-1。

表5-1 根据土壤有机质水平和桃目标产量水平推荐氮肥用量（kg/hm²）

产量水平（t/hm²）		土壤有机质供应指标（g/kg）		
		高（15～25）	中（10～15）	低（5～10）
早熟品种	20	80	150	160
	30	150	180	240
	40	180	240	320
中晚熟品种	20	90	160	180
	30	150	190	240
	40	180	240	320
	50	240	300	400
	60	300	360	480

（2）**磷肥** 桃树一生中，幼龄期应施足磷肥，促进根系生长和花芽分化，初果期应以磷肥为主，盛果期氮、磷、钾肥配合施用。周年管理中，早熟品种应将磷肥在硬核期和养分回流期分2次施入，施用量分别占全年总施磷量的40％和60％；晚熟品种在花芽生理分化期、果实膨大期和养分回流期分3次施入，分配比例为

40%、30%和30%。推荐磷肥用量见表5-2。

表5-2 根据土壤速效磷含量和桃目标养分带走量推荐磷肥用量（kg/hm²）

产量水平（t/hm²）		土壤速效磷供应指标（mg/kg）		
		高（40~60）	中（20~40）	低（10~20）
早熟品种	20	40	75	80
	30	75	90	120
	40	90	120	160
中晚熟品种	20	45	80	90
	30	75	95	120
	40	90	120	160
	50	120	150	200
	60	150	180	240

（3）钾肥 桃树进入盛果期后应增加钾肥用量。一年中，春、夏应多施钾肥，一般在硬核期或花芽生理分化期、果实迅速膨大期和养分回流期分3次施入，分配比例为20%、50%和30%。施用方法同氮肥、磷肥。推荐钾肥用量见表5-3。

表5-3 根据土壤速效钾含量和桃目标养分带走量推荐钾肥用量（kg/hm²）

产量水平（t/hm²）		土壤速效钾供应指标（mg/kg）		
		高（200~300）	中（100~200）	低（小于100）
早熟品种	20	80	150	160
	30	150	180	240
	40	180	240	320
中晚熟品种	20	90	160	180
	30	150	190	240
	40	180	240	320
	50	240	300	400
	60	300	360	480

（4）根外追肥 根外追肥即树冠喷施肥料，可全年进行，也可

结合病虫害防治一同进行。这种方法省工省时，肥料利用率高，见效快，喷肥后 10～15 d 即可见效，25～30 d 即失去效果。对于容易被土壤固定的一些元素，用根外追肥的方法较好。喷施的浓度一般为 0.3％左右。

（三）节水灌溉技术

1. 灌溉

（1）**灌水时期** 桃树生长期最适宜的土壤湿度为土壤持水量的 20％～40％。一般在土壤湿度降至土壤持水量的 10％～15％时，枝叶就会出现萎蔫现象，应予灌水。灌水时，要分析当时当地降水情况及桃树生长发育状况。在降水不均匀的情况下，应在以下时期灌水。

① 发芽前后至开花期。发芽前灌一次透水，保持较高的土壤湿度，促使树体迅速萌芽、展叶，增大叶面积和保证开花坐果。

② 新梢生长期和幼果膨大期。此时果树的生理机能旺盛，是需水最多的时期。花后缺水，叶片会争夺幼果中的水分，导致落果；严重干旱时，叶片向根系争水，影响根的吸收作用，使生长变弱，产量降低，因此花后干旱时应及时灌水。

③ 果实迅速膨大期。灌水可满足果实膨大对水的需求，促进短枝分化花芽。但水量过多会促进新梢生长，影响花芽分化。

④ 采果前后及休眠期。秋施基肥后应立即灌水沉实，使根系尽早恢复吸收功能。落叶后封冻前灌一次透水，保证安全越冬。

（2）**灌水方法** 主要有漫灌法、高喷灌法、微喷灌法、滴灌法等。

① 漫灌。用水量大，全园被水淹没，水渗后才能耕锄，土壤湿度变幅大，不利于根系生长，对土壤结构也有破坏作用。

② 高喷灌。用水量较少，能降夏季高温、促进果实上色，缺点是土壤易板结、有时有径流、易传染病虫害等。

③ 微喷灌。用水量较少，不传染病虫害，不妨碍喷药，也能

降低部分气温。

④ 滴灌。用水量最少，不影响地上喷药及其他作业，缺点是滴头或水的质量不过关时易发生堵塞，更换维修麻烦。

目前国内绝大多数果园逐渐从漫灌转向滴灌或微喷灌。

(3) 灌水量　不论采用何种灌水方法，一次灌水量都不能太多或太少，灌水量应以湿透根系主要分布层为宜。

2. 排水

桃树怕涝，雨季必须注意排水。雨水过多或灌溉过量，将会造成枝条不充实，并易患根腐病、冠腐病；排水不畅时，土壤通气不良，根系生长发育受阻，从而影响产量、经济寿命以及成活。

六、修剪技术

（一）主要树形的树体结构特点

目前我国采用的树形主要有以下几种：

（1）三主枝开心形 该树形干高 50 cm，在主干上选留 3 个生长势均衡的三大主枝，主枝一般间隔 20 cm，基角为 50°～70°。一般每主枝留 3 个侧枝，在选留的侧枝上着生枝组和结果枝。

（2）Y 形 该树形树干高 50 cm，两个主枝呈 V 形。主枝开张角度为 45°，长度不超过 3.5 m，每个主枝上留 5 层 10 个侧枝，层间距为 70～80 cm。第一层侧枝离地面 1 m 高，所有侧枝水平生长、长度不超过 2 m，侧枝上直接着生结果枝组。

（3）纺锤形 该树形树干高 40～50 cm，树高 3～3.5 m，全树着生 5～8 个主枝，各主枝插空培养，形成不严格的层状分布，主枝间隔 30～40 cm，开张角度为 70°～80°，主枝上均直接着生结果枝组。

（4）主干形 该树形树高 3.5 m 左右，全树直接着生 60 个以上结果枝，各结果枝插空分布，开张角度为 70°以上，结果枝粗度不能超过主干粗度的 10%，实行单枝更新的整形修剪方式。

（二）枝芽特性

1. 桃树枝条的特性

桃树枝条按其主要功能分为生长枝和结果枝两类。

（1）生长枝 生长枝按其生长势强弱，又可分为叶丛枝、营养枝和徒长枝。

① 叶丛枝。叶丛枝极短，长度≤1 cm。有一个顶叶芽，营养较少，发枝力弱，所以也叫单芽枝。这种枝条在母枝弱和光照较差时落叶后容易枯死，在母枝壮和光照较好时能继续生长，营养条件得到改善时可转化成短枝，受重刺激时还可发长枝。

② 营养枝。营养枝长度在 1～100 cm。这种枝条一般只生叶芽，芽体瘦小不易坐果。少数有花者也常在顶部，营养枝多发生在幼旺树上，是树冠整形期培养各种骨干枝和结果枝组的重要基础，在成年树上少见。

③ 徒长枝。徒长枝长势旺，长度达 100 cm 以上，有大量的副梢分枝。这种枝条多发生在树冠上部强旺骨干枝的背上和伤口附近，但由于其组织发育不充实，质量差，消耗多，挡风遮光，一般应及早去除或有目的地加以控制改造后再作利用。桃树的枝较脆硬，大枝开角或结果过多时容易发生劈裂和折伤。

(2) 结果枝 桃树结果枝按其长度可分为花束状果枝、短果枝、中果枝、长果枝和徒长性结果枝五类。

① 花束状果枝。花束状果枝的长度在 5 cm 以下，粗度在 0.3 cm 以下，多单芽，仅顶芽为叶芽，侧芽均为花芽，且节间极短而密生，形似花束。这种枝多发生在老弱树上，结果和发枝能力均差，且易枯死，只有肥城桃等极少数品种结果较好。

② 短果枝。短果枝长为 5～15 cm，单芽多，复芽少，除顶端和基部有少数叶芽外多数为花芽，结果后多可发出短小枝，过弱时也易衰亡。这种枝条幼树上较少，多发生在结果树的下部，老弱树上各个部位几乎都有，是北方品种群的主要结果枝。

③ 中果枝。中果枝长为 15～30 cm，单芽、复芽混生，结果后还可发出较好的新梢，当年成花下年连续结果，多着生在树冠的中部。

④ 长果枝。长果枝长为 30～60 cm，复芽多，花芽多而充实，叶芽多在上端和基部，结果后仍可发较好的新梢，当年成花下年连续结果。有的还有副梢，多着生在幼树和强旺树的中上部，是多数品种的主要结果枝。

⑤ 徒长性结果枝。徒长性结果枝长为 60 cm 以上，先端有少

量副梢，叶芽在下部，花芽在上部，有复花芽但多数质量差、难结果，也有的少数品种结果较好。这种枝多着生在树冠的内膛和顶部靠近延长枝处，结果后可发强梢，应酌情改造利用和修剪。总之，长果枝、中果枝在多数品种上结果较好和较稳，在修剪时应注意留用。

2. 桃树芽的特性

桃树的芽按功能分为叶芽和花芽2类。

（1）**叶芽** 叶芽具有早熟性，一年内可多次形成、多次萌发、形成多次副梢，萌芽率高，有利于树形的改造和结果枝组的更新。顶芽一般都是叶芽。

（2）**花芽** 花芽为纯花芽，着生于新梢侧方的叶腋内，芽在同一节位上常有单生和复生两种形式，单生的称为单芽，复生二芽以上的叫复芽。复芽中叶芽和花芽组合的形式多种多样，最常见的是一个叶芽与一个花芽组合而成的二芽并生形式和两侧为花芽中间为叶芽组合而成的三芽并生形式，极少情况下也有四芽并生，所以在桃树的每个枝节上，既有叶芽单生和花芽单生，也有叶芽和花芽合生。除品种因素以外，果枝的长短也常影响单芽、复芽的多少，一般长果枝复花芽多、单花芽少，短果枝则单花芽多、复花芽少。从结果能力上说，同一品种的复花芽比单花芽结的果实大而甜。桃树的芽由于具有早熟性的特点，发育枝和结果枝常由主梢、副梢组成，营养充足时均可形成饱满的花芽结果，营养不足时容易形成有节无芽的盲节。此处不宜短截，因为短截后不仅发不出枝，反而容易枯死。桃树的芽形成后若翌年不萌发，则容易枯死，这是潜伏芽少的主要原因；即使有些能转化为潜伏芽，也多数寿命较短，所以老树枝干的下部常难以发生新枝而出现光秃。

（三）修剪的基本方法

1. 休眠期修剪

休眠期修剪是树体落叶后进入休眠状态时进行的修剪。休眠期修剪一般在春季树液流动前进行较好；若栽培面积过大或劳动力不足，冬季修剪也可。休眠期修剪以调整树体合理的骨架结构为目的，解决生长和结果的矛盾，改善树内通风透光条件。休眠期修剪的方法有短截、回缩、疏枝和甩放等。

（1）**短截** 剪去一年生枝的一部分的修剪方法称短截。短截可增加分枝数量，促进营养生长，有利于扩大树冠。根据短截程度不同，短截可分为轻短截（一般剪去一年生枝的 1/4～1/3）、中短截（一般剪去一年生枝的 1/2 左右）、重短截（一般剪去一年生枝的 2/3 左右）和极重短截（在一年生枝基部剪留 3 个芽左右）。目前生产上很少采用该种修剪方法。

（2）**回缩** 将多年生枝剪去或锯掉一部分、留下一部分的修剪方法称回缩。回缩修剪主要在弱树和弱枝上应用。回缩对保留下来的枝芽的生长和开花坐果有一定的促进作用，其作用大小与回缩的程度以及枝条着生部位有关。回缩有利于结果枝组的更新复壮，提高坐果率和果品质量。

回缩一般是用于对生长过弱的骨干枝或下垂枝、细弱枝、结果枝组的更新复壮。

（3）**疏枝** 把一年生枝或多年生枝从基部剪去或锯掉的修剪方法称疏枝。疏枝可以改善冠内的通风透光条件，减弱和缓和顶端优势，促进内膛中短枝生长发育和花芽的形成，平衡树势。疏枝一般是疏除树冠内外过旺枝、过密枝、交叉枝、重叠枝、病虫枝等。不可一次疏枝过多，尽量不疏或少疏大枝，以免伤口过大或干裂，难以愈合。疏除大枝的最佳时间是春季萌芽期或 6 月底，伤口用乳胶漆或其他保护剂密封，防止流胶和干裂。

（4）**甩放** 对一年生枝条不加修剪，任其自然生长的修剪方法称甩放。甩放的作用主要是缓和枝条的生长势，促进花芽形成，提早结果和提高坐果率。

2. 生长期修剪

生长期修剪是指从春季芽萌动后至秋季落叶前的修剪，通常也叫夏季修剪。夏剪有较多的优点，越来越受到果树栽培者的重视。夏剪的主要作用是促使幼树增加枝量，缓和树势，早成形，早结果，提高产量，改善品质；并且伤口小，易愈合，对树体伤害小。夏剪的方法有摘心、扭梢、拿枝、拉枝、疏梢和疏除多年生大枝等。

（1）**摘心**　在新梢木质化以前，摘除或剪去新梢先端部分嫩梢的修剪方式称摘心。摘心在夏剪中应用较多。摘心可控制新梢旺长，促发二次分枝，增加枝量，缓和树势，调节营养分配，促进花芽分化，提早结果，提高坐果率，增加产量，减少春季修剪量。主要应用于幼树和旺树时期，控制骨干枝延长枝的生长和结果枝组的培养。进入7月下旬一般不再摘心，因为发出的新梢多不充实，易受冻或抽干。摘心一般在新梢的成叶部位，如只摘去新梢的嫩尖，往往达不到摘心的目的。

（2）**扭梢**　在新梢半木质化时，用手捏住新梢中下部用力扭曲，改变新梢生长方向，致使新梢水平或下垂（多下垂），扭曲部位伤及木质和皮层而不折断。扭梢主要应用于背上枝、竞争枝和冠内的临时枝条。扭梢可以改变新梢的生长方向，缓和长势，积累养分，有利于花芽的分化。

（3）**拿枝**　用手对旺梢自基部到顶端逐段向下用力，伤及木质部而不折断的操作称拿枝。拿枝主要应用于一年生直立枝、竞争枝和辅养枝，尤用以幼树整形期间，对中干主枝应用较多。拿枝可以改变新梢的生长方向和角度，缓和树势，促进花芽分化。拿枝在8月以前皆可进行。选定拿枝的新梢，必须经过多次拿枝，才能有较好的效果，否则很难改变新梢的生长方向和角度。

（4）**拉枝**　将一年生枝或多年生枝拉至所要求的方位和角度的方法称为拉枝。拉枝在幼树整形修剪中改变主枝开张角度和分布方向上应用较多。拉枝的主要作用是开张角度，调整枝条的生长方向，缓和树势，促发中短枝，促进花芽分化。幼树一般在8～9月份拉枝较好。拉枝方法简单，效果明显。

拉枝应注意以下问题:

① 拉枝要在幼树整形期间进行,当年生枝当年拉。成龄树很少应用拉枝,只有在主枝角度较小、方位较好、必须保留的情况下才进行拉枝。

② 拉枝的角度要根据树形的要求、枝条的类别而定。

③ 要先拿枝后拉枝,防止拉枝过急造成劈枝。

④ 拉枝时要将枝条拉成一条直线,严禁出现弓背,造成背上冒条。生产中很多人忽视这一点,应引起足够的重视。

⑤ 被拉枝与拉绳接触部位垫上废布或胶皮等物,防止拉绳伤及皮部或绞缢。

⑥ 拉枝时地下的木橛要牢固,要先埋木橛后拉枝。拉绳要结实、抗风化、抗腐烂。

⑦ 拉枝要经常进行,在生长季节内要经常检查、调整拉枝的方向和角度,出现问题应及时补救。

(5) 疏枝与回缩 疏枝主要是疏除强旺枝、竞争枝、过密的一年生枝和扰乱树形、影响光照的多年生枝。回缩是针对只影响局部光照但还有一定结果能力的枝条。

疏枝在整个树体生长期间都可应用,目的不同,疏枝时间不同。疏枝对剪口以上的枝条有削弱作用,对剪口以下的枝条有促进作用。回缩多用于结果期的树,主要是对结果枝组的更新复壮。疏枝和回缩的主要作用是改善光照、消除竞争、缓和长势。

疏枝和回缩的时间是 6 月中下旬雨季来临之前进行。过晚伤口易流胶且不宜愈合。

整形修剪要冬夏结合,以夏为主。各种修剪方法综合应用,才能充分发挥修剪的最大作用,达到其应有的效果和目的。

(四) 主要树形的整形技术

依据省力省工的原则和新建果园主要采用的树形,介绍以下 2 种树形的整形技术。

1. Y 形树的整形技术

选择一年生健壮桃苗进行定植，定植后在 50 cm 处定干，当枝梢长到 30 cm 以上时，选留 2 个东西向枝作为主枝，其余剪除。根据留好的两个主枝的方向插上竹竿并将主枝绑缚在竹竿上，防止意外因素碰掉主枝。

第 2 年，春季萌芽后，新梢长到 20 cm 左右时进行第一次摘心，以后新梢进行反复摘心，一直到 6 月底为止，两主枝顶端新梢不摘心，继续延长生长。在整个生长期中可采用疏枝或扭梢等方法控制直立旺枝，果实采收后进行疏枝和回缩修剪。

第 3 年及 3 年以后，夏季修剪仍以摘心为主，辅以扭梢，同时要开始培养健壮的结果枝组，结果枝组紧靠主干，每个主枝上培养 9~11 个结果枝组，平均分配在主枝两侧，相距 40~50 cm。主枝基部培养大的枝组，离延长头愈近，枝组愈小，靠近延长头处只留结果枝。枝组与枝组之间的间隙，可留短果枝和花束状果枝。盛果期，如枝组过密，可适当疏除部分枝组。

2. 主干形树形的整形技术

选择一年生健壮桃苗或芽苗进行定植，定植后不定干，抹去主干基部 60 cm 以下的芽，插竹竿或立支柱，将主干绑缚在固定物上。主干上萌发的新枝扭枝下垂。如遇新梢过密，可适当疏除，使其分布均匀，通风透光。到 9 月中旬后可进行定枝修剪，每主干留 30 个新枝，其中有 60% 以上新梢能分化成优良结果枝。冬季修剪可不再进行。

定植第 2 年，当春季萌芽后，新梢长到 20 cm 左右时进行第一次摘心，以后新梢进行反复摘心，一直到 6 月底为止，主干新梢不打头，让它直立向上继续生长。在整个生长期中可采用疏枝或扭梢等方法控制直立旺枝，果实采收后进行疏枝和回缩修剪。

定植第 3 年及 3 年以后，夏季修剪仍以摘心为主，辅以扭梢，三年生树树高应稳定在 2.8 m 左右。冬季修剪时，应注意疏 1~3

个粗大侧生枝，尤其是低位枝、竞争枝、直立徒长枝，保留健壮、细长的侧生枝，特别要重视保留从中央领导干上发生的优良长果枝（枝组）。

冬剪要点：幼树期要扶直中干，结果后要防止上强下弱。冬剪应以疏为主，少用短截，下部可选留中长结果枝（30～50 cm），上部可选留细短结果枝（30 cm 左右）。总的修剪原则是去粗留细、去直留斜、去长留短、去老留新，单株留枝量可根据目标产量灵活确定，一般每株选留 30 cm 左右的结桃枝 20～35 个。

（五）不同时期的修剪特点

1. 冬季修剪

目前，桃树修剪多采用传统的以短截为主的方法。这一方法不仅技术运用复杂、费工费时，而且易造成主枝顶部旺长，树冠郁闭，下部和内膛中小枝组自疏而光秃，给枝组更新和整形带来困难。

长枝修剪克服了上述缺点，简化了修剪技术，提高了工效。长枝修剪技术是以疏枝、甩放和回缩复壮为主，很少短截或不短截。具体方法是：主枝延长枝连年延伸，不短截，开张角度为 70°～80°，开张角度小的应拉至 70°～80°；主枝上的背上枝及背下枝全疏，比筷子粗的结果枝全疏，纤弱的小枝也疏除；剩下的枝在主枝上每隔 15～20 cm 留 1 个长结果枝，多余的枝也应疏去。上述技术适用于幼旺树及盛果期树，若是弱树或衰老树，也可适当短截，但这样的树主要应在多施肥水和控制负载量上下功夫，才能从根本上恢复树势。

长枝修剪后，树体营养生长尤其是上部营养生长缓和，枝条长度变短，新梢停长早，有利于果实生长和提高果实品质，利于花芽形成和树体贮藏营养水平的提高。

长枝修剪后，果实及叶子的重量会使一年生枝弯曲下垂，从枝的基部发出 1～2 个较长的新梢，成为下一年结果的预备枝，因而长枝修剪能有效控制结果部位外移。采用长枝修剪，幼树的树冠生长快，容易早结果、早丰产，并且增强对自然灾害的抵抗能力。

2. 夏季修剪

桃树生长旺盛、徒长枝多、树冠下部光照少、叶易变黄脱落，花后2周应除去枝条背上的芽；在果实采收前2周，疏去过密枝及背上枝，以节约养分；果实采收后，为使枝条充实和促进花芽发育，应再次疏去过密枝、背上枝及不充实枝。

七、花果管理技术

（一）提高坐果率技术

两个方面可以提高桃树坐果率，一是优化树体本身情况，品种、花芽质量、树势强弱、病虫危害等是影响坐果率的因素，选用自花结实率高、花芽质量好、树势中庸的品种并有效管控病虫害可提高坐果率。二是利用技术措施提高坐果率，提高坐果率的技术主要有以下几种。

1. 合理配置授粉树

授粉品种与主栽品种配置比例为 1∶（3～4）较为合适。授粉时放一些壁蜂或者是人工进行辅助授粉。一般是开花之前 7 d 左右在田间放壁蜂；人工授粉一般在阴雨天、大风等气候恶劣的环境下进行，因为此时壁蜂不再活跃，会导致授粉不充分、不完全。授粉是保障坐果的基本措施，也是保障产量和效益的基本措施之一，是非常重要的工作。随着农村大量年轻劳动力向城市转移和劳动力价格的上涨，建议采用壁蜂、蜜蜂授粉。人工授粉建议采用机械授粉的方法，人工手动授粉进行补充。

2. 喷施植物激素

植物激素能促进细胞的分化，在花期喷施 5 mg/L 的赤霉素，可提高坐果率 1～2 倍。

3. 喷施微肥

花期喷施 3 000 倍液的硼砂或硼酸，可提高坐果率 25%。

（二）疏花疏果与合理负载

1. 疏花疏果

疏花是为了节约树体贮藏的养分，促进果实初期发育，所以疏得越早越好。日本是从疏花蕾开始的。

（1）疏蕾

① 疏蕾时期。花呈黄色时疏除效果最佳，过早会容易漏疏，过晚则浪费树体贮藏养分。

② 疏蕾的方法及留蕾量。所有的果枝的背上花蕾连同叶芽一起疏去，能防止发生背上枝，长、中果枝的枝条先端和基部花芽发育不好，不能生产出高品质的果实，也要疏去，最终达到长、中果枝在枝条的中部留 5～15 个芽位、短果枝及花束状果枝仅在顶部留 1～2 个芽位的效果。即枝条中部和前部每隔 15 cm 留 1 个发育好的芽眼花蕾，最终留蕾量为坐果数的 3 倍左右，花粉少的品种应适当多留。

（2）疏花 疏蕾后接着进行疏花，方法和疏蕾相同。对于疏蕾时漏疏的，要补疏。另外，对所留的每个芽位，仅留 1 个发育最好的花，其余的花全部疏去。

（3）疏果 果实初期生长发育所需营养主要来自树体的贮藏养分。坐果过多，每个果实分到的养分少，难以长出大果，且引起树势衰弱、营养不良，导致生理落果。疏果的质量好坏对果实品质的影响很大，应根据树势和新梢及幼果的生长情况进行。

① 疏果时期。疏果应分阶段进行。预备疏果期是在盛花后 3 周左右，盛花后 7 周左右进行"完成疏果期"的疏果，随时除去变形果和病虫害果。通常树势强的树晚疏，树势弱的早疏。一次性全疏可能引起生理落果和裂果，所以要分阶段进行。

② 疏果程度。完成疏果时最终的留果量：长果枝（30 cm 左右）1 个枝上有 1 或 2 个果留在枝条中央附近；中果枝（20 cm 左右），在枝的中前端留 1 个果，短果枝（15 cm 左右），5 个枝留 1

个果。这样采收时，1 个果有 60～80 片叶。上述标准要因品种、树龄、树势的不同而有所变化。

③ 预备疏果期。此时期留果量为最终留果量的 1.5～2.0 倍。盛花后 20 d，受精果和未受精果容易区别。受精果果实肥大，萼片萎缩，从基部脱落；未受精果的萼片残留且肥大。未受精果要全部疏除。没有进行疏花疏蕾时，应该早疏果。考虑到以后套袋等，向上着的果优先疏去，向下着的留着。

④ 完成疏果期。完成疏果期的疏果要考虑到树体不同部位留果量的分配进行。树冠上、中、下部进行调节，生产力低的下部少留果，使所有的果大小基本一致。

完成疏果期期间正常果和双胚果就能区别开来。通常正常果核中有 1 个胚，双胚果有 2 个胚。正常果缝合线两边生长的比例为 6∶4；双胚果为 5∶5 且易生理落果，应尽早疏去。

⑤ 修正疏果期。主要疏去变形果和病虫害果。

2. 合理负载

桃树合理负载，能确保果园连年丰产，果大、质优、增效。确定果树合理负载，应根据气候特点和果园实际情况综合考虑，如品种构成、树龄大小、树势强弱等。

初结果树要兼顾扩冠与适量负载，丰产园要兼顾树势与负载的平衡，结果过多则树势衰弱，结果太少则树势过旺。过旺树应加大负载量，以果压势；中庸健壮树应维持标准产量，提高品质，稳定树势；衰弱树应减少留果量，促进树势恢复。

壤土或沙壤土地，肥力较高，产量适当高些，反之，产量应少些。

管理水平、栽培者技术水平高时，负载量可适当加大，反之则少些。

要制定一个适宜各地桃园的标准产量是比较困难的，一般按长果枝留 3～5 个果，中果枝留 1～3 个果，短果枝或花束状果枝留 1 果或不留，副梢果枝留 1～2 个果，预备枝、延长枝不留果。也可根据果间距进行留果，果间距一般在 15～20 cm，依果实大小而定。

根据生产上的经验，桃园每亩的产量可维持在 2 500 kg 左右。

（三）果实套袋技术

果实套袋的主要作用是防止病菌、害虫、鸟等危害果实，减少果锈和农药残留，提高果实硬度，是提质增效的主要措施之一。

果实套袋前，要做好疏花疏果，进行最终的检查和着果调整，全园喷一遍杀菌剂和杀虫剂，果实硬核期完成定果，留果量确定后，要及时套袋，以防止病虫害和薄果皮品种裂果。

果袋一般用黄色和白色纸袋，果实着色好。套袋时，先打开扎线末端，抬起底部，使底角通风，打开排水孔，然后慢慢将幼果放入袋中心，拧紧袋口，注意不要将叶子放入袋中。

除袋时期以袋子种类、果实品种、不同气候条件而定。果实茸毛少的品种易着色，应在采收前 5 d 除袋；果实茸毛多的品种，应在采收前 10 d 除袋。连阴天应稍早进行，成熟早的上部枝的果袋应早除，下部的晚 2 d 左右。

（四）花期防霜技术

近几年随着极端天气的增多，花期防霜已成为生产园不可忽视的问题，多地果园由于防霜不到位造成减产，甚至绝产。花期防霜技术主要有以下几种。

1. 果园浇水

果园浇水可降低土温，延迟萌芽开花，躲避霜冻。

2. 树体涂白

涂白的部位主要是主干，涂白可反射阳光，减缓树体温度提升，可推迟花芽萌动和开花。

涂白注意事项：使用涂白剂前，先刮除病斑、老翘皮并防治主干内的害虫后再涂白。涂白剂要随配随用，不能久放。使用时要将涂白剂充分搅拌，以利于刷匀。

3. 果园熏烟加温

霜冻来临前，在桃园四周利用锯末、杂草等混合堆积点燃发烟，升温去霜。

4. 果园覆盖

利用秸秆、杂草等覆盖物盖住树盘，减少地面有效辐射，可以预防霜冻。

八、桃园主要病虫害绿色防控技术

（一）病虫害防控理念和方法

桃园病虫害有上百种，生产上能造成严重危害的有 20 余种。我国桃病虫害防控中，目前存在的问题，一是多数桃园的生态环境有利于病虫害的发生，园内郁闭通风不良、土壤有机质含量低、排水透气性不好、生物多样性差等现象随处可见，这些条件都有利于病虫害的发生；二是果农对病虫害的发生习性和规律缺乏认识，不能在适宜时期及时有效地采取防控措施；三是果农对农药性质认识不足，造成防效不佳、自然生态功能破坏严重。为达到桃园病虫害低成本可持续防控，根本的措施是改变目前的种植和管理模式、综合运用各种防治方法。

1. 防治原则

贯彻"预防为主，综合防治"的植保方针和有害生物综合治理（integrated pest management，IPM）的基本原则，以保护果园生态环境、发挥自然控害作用为基础，针对桃树不同生育期主要病虫害发生特点，把农业防治、生物防治、物理防治以及化学防治等多种方法综合应用、相互协调、取长补短，达到既有效控制病虫危害，又经济、安全的目的。

2. 防治策略

① 加强肥水管理，提高土壤有机质水平。对土壤透水性差的园区，建园时起垄栽植；合理修剪，保持树冠通风透光良好；合理

负载，保持树体健壮。

② 提倡桃园行间自然生草、行内覆盖，增加生物多样性，提高自然控害能力。桃园尽量不使用除草剂，限制多效唑等生长抑制剂的使用。

③ 虫害防控方面。在改善果园生态环境、清除越冬虫源的基础上，综合运用各种技术措施，如性信息素迷向、糖醋液及灯光诱杀、保护利用天敌等技术措施控制害虫的种群密度。在此基础上，加强预测预报，根据虫口密度和防控指标，当害虫有严重危害趋势，尤其对果实有危害趋势时，在适宜时期，使用对天敌杀伤力小的低毒低残留农药控制其危害。多数害虫卵的孵化高峰期或者低龄幼虫期是防治的最佳时期。杀虫剂提倡在雨后使用，以获得更长的药效期。

④ 病害防控方面。以清除园内的侵染菌源、培养树体抗病性、改善果园通风透光效果为基础，减少果园内的侵染菌源量，创造有利于桃树生长和不利于病害发生的环境条件。对于果实病害，生长季节密切关注天气情况，将降水量、降雨持续时间作为预测疮痂病、褐腐病、炭疽病等主要果实病害的根据，在持续降雨期到来之前或降雨前，喷施杀菌剂，以保护果实在降雨期间不受病菌侵染；在连续降雨期间，或降雨过后，当预测到有大量病菌侵染时，及时采取补救措施，补喷杀菌剂铲除已侵染的病菌。杀菌剂提倡在雨前使用，防止病菌在降雨过程中侵染。从花萼脱落到采收前，一般每10～15 d喷布一次杀菌剂。若天气一直晴好、空气干燥，可再延长杀菌剂喷布间隔期；若遇到连续阴雨天气，每7～10 d喷药一次。对于桃细菌性穿孔病，提倡落叶后使用无机铜杀菌剂防控，落花后使用噻唑锌、四霉素等药剂防治。对于桃缩叶病，提倡在花露红后使用石硫合剂防控。

⑤ 药剂选择。在桃树生长前期，尤其6月之前，选择专一性强的杀虫剂，不建议使用有机磷、拟除虫菊酯类等广谱性杀虫剂，以最大限度地保护天敌和利用天敌的控害作用。每种药剂在一个生长季节的使用次数不要超过3次，提倡不同药剂交替使用，避免产

生抗药性。多雨季节在降雨前需喷施黏附性强、耐雨水冲刷、持效期长的杀菌剂。果实临近采收前，不得使用残留期长的农药。生长季节慎用桃树敏感的铜制剂、硫制剂以及辛硫磷、敌敌畏、百菌清、三唑酮等农药。

3. 防治方法

(1) 农业防治 加强果园管理，增施有机肥，增强树势，提高抗病能力；改善果园生态环境，提倡桃树行内地面覆盖秸秆或覆膜，桃树行间生草，以蓄养天敌，发挥天敌控制害虫的自然调控作用；还可种植诱虫作物（种植向日葵可诱杀桃蛀螟，种植香菜、芹菜可诱杀茶翅蝽等），在诱虫作物上将害虫集中杀死；加强冬、夏季修剪，使树体通风透光；冬、春季节进行树干涂白，防止天牛产卵；提倡留干高度 60 cm 以上，改善行内通风条件。

(2) 人工防治 结合冬剪，彻底清除树上的病虫枝、叶、僵果等，集中烧毁或深埋；冬季刮除老树皮，消灭在树体上越冬的病虫；人工剪除梨小食心虫危害的新梢、蚱蝉产卵梢和桃缩叶病病叶等，并烧掉；做好夏季修剪，改善通风透光条件；人工挖治红颈天牛幼虫；利用茶翅蝽成虫出蛰后在墙壁上爬行的习性进行人工捕捉。

(3) 物理防治 利用害虫的趋光性或趋化性诱杀害虫，如黑光灯、糖醋液、频振式诱虫灯等；利用昆虫性信息素进行迷向防治，如用梨小食心虫迷向剂防控梨小食心虫。

(4) 生物防治 保护和利用天敌。桃园常见的天敌类群主要有各种瓢虫、草蛉、小花蝽、捕食螨、食蚜蝇、寄生蜂、寄生蝇和各种蜘蛛等。保护和利用天敌的主要措施有行间生草、人工释放天敌、减少农药的使用等，特别是果树生长前期农药的合理使用，对保护果园天敌至关重要。

(5) 化学防治 根据病虫害的发生规律和危害特点，科学合理施用农药。每一种病虫害都有其发生规律，在病虫发生的某一阶段对药剂比较敏感，适时施药会收到事半功倍的效果。

（二）病虫害防治年历

1. 休眠期（落叶至萌芽）

（1）**主要防治对象** 桃褐腐病、桃炭疽病、桃细菌性穿孔病、流胶病以及桃蚜、桃瘤蚜、介壳虫、梨小食心虫、李小食心虫、卷叶虫、山楂叶螨、二斑叶螨等。

（2）**主要防治措施** 清园是全年病虫害管理的基础，直接影响果园病虫基数。①结合果树冬剪，剪掉树上的病僵果、病害枝（包括黄刺蛾、黄褐天幕毛虫、蚱蝉产卵的枝条等病虫为害枝）。②刮除树干上的翘皮、病皮、剪锯口处的翘皮等，消灭在此越冬的梨小食心虫、卷叶虫、山楂叶螨等害虫。用硬毛刷刷掉在主枝上越冬的桑白蚧雌成虫、球坚蚧越冬若虫等。③在冬剪结束后，彻底收集果园中的落叶、剪下的病僵果、病虫枝条等，将其带出果园作柴烧或深埋在果园内作肥料，以消灭在此越冬的病虫源，切不可堆积在果园内或地边上。④解除在树干上绑缚的诱集害虫越冬的草绳、诱虫带等缚物，消灭其中的害虫（梨小食心虫、卷叶虫、山楂叶螨、二斑叶螨等）。⑤在桑白蚧等介壳虫发生严重的果园，可使用99%机油乳剂80～100倍液喷雾。对于细菌性穿孔病严重的桃园，落叶后喷布1∶1∶100倍波尔多液或77%氢氧化铜500倍液或30%氧氯化铜300倍液等铜制剂。

2. 芽萌动期

（1）**主要防治对象** 缩叶病、穿孔病、褐腐病、疮痂病、炭疽病以及叶螨、桑白蚧等越冬病虫。

（2）**主要防治措施** 全园喷布4.5～5.0波美度的石硫合剂。

3. 花芽露红至始花期

（1）**主要防治对象** 桃树腐烂病、桃褐腐病、细菌性穿孔病、桃缩叶病、桃炭疽病以及绿盲蝽、天牛、金龟子、卷叶虫、蚜虫、山楂叶螨、二斑叶螨等。

（2）主要防治措施 ①在腐烂病发生严重的地块，发现病斑要及时刮除。刮除病斑后涂抹 70% 甲基硫菌灵可湿性粉剂或 50% 多菌灵可湿性粉剂 50 倍液，为防止流胶，在病疤上再涂一层植物油或动物油。②用 80% 敌敌畏乳油 200 倍液涂抹剪口、锯口，以消灭在此越冬的卷叶虫幼虫。③检查主枝、主干上的天牛幼虫危害情况，发现后树干注射 80% 敌敌畏乳油 20 倍液，注射后缠塑料薄膜。④防治蚜虫可选用 22% 氟啶虫胺腈悬浮剂 3 000 倍液、50% 吡蚜酮水分散粒剂 2 000 倍液、22.4% 螺虫乙酯悬浮剂 3 000 倍液、10% 氟啶虫酰胺水分散粒剂 1 500 倍液或 35% 噻虫·吡蚜酮水分散粒剂 3 500 倍液等。⑤防治山楂叶螨和二斑叶螨可选用 30% 三唑锡悬浮剂 2 000 倍液、73% 炔螨特乳油 2 000 倍液、50% 苯丁锡可湿性粉剂 2 000 倍液、1.8% 阿维菌素乳油 2 000 倍液、10% 虫螨腈乳油 3 000 倍液、43% 联苯肼酯悬浮剂 3 000 倍液、50% 硫黄悬浮剂 200～400 倍液（可兼治白粉病）、15% 哒螨灵乳油 2 000 倍液等。

4. 初花期至盛花期

（1）主要防治对象 梨小食心虫。

（2）主要措施 全园释放梨小食心虫迷向素，根据迷向素含量和剂型，确定使用量和使用次数，迷向素释放位置在离树顶 1/3 处。

5. 谢花后 3～5 d

（1）主要防治对象 蚜虫、绿盲蝽、苹小卷叶蛾、潜叶蛾以及细菌性穿孔病等。

（2）主要防治措施 树上喷布 22% 氟啶虫胺腈悬浮剂 3 000 倍液，或 50% 吡蚜酮水分散粒剂 2 000 倍液，或 22.4% 螺虫乙酯悬浮剂 3 000 倍液，或 10% 氟啶虫酰胺水分散粒剂 1 500 倍液，或 35% 噻虫·吡蚜酮水分散粒剂 3 500 倍液＋5% 除虫脲可湿性粉剂 1 500 倍液，或 60 g/L 乙基多杀菌素悬浮剂 3 000 倍液，或 24% 甲氧虫酰肼悬浮剂3 000倍液＋40％噻唑锌悬浮剂600倍液，或0.3％四霉素水剂500倍液。

6. 花萼脱落期

（1）主要防治对象 绿盲蝽、茶翅蝽、梨小食心虫、桃蛀螟、蚜虫、卷叶蛾、潜叶蛾以及细菌性穿孔病、疮痂病、褐腐病、炭疽病等。

（2）主要防治措施 树上喷布80％代森锰锌可湿性粉剂800倍液＋22％氟啶虫胺腈悬浮剂3 000倍液＋8 000 IU苏云金杆菌悬浮剂200倍液或25％灭幼脲悬浮剂1 500倍液。

7. 花萼脱落后至中晚熟品种套袋前

（1）主要防治对象 疮痂病、褐腐病、穿孔病以及桑白蚧、绿盲蝽、茶翅蝽、潜叶蛾、蚜虫、卷叶蛾等。

（2）主要防治措施 ①树上喷布50％吡唑醚菌酯水分散粒剂3 000倍液＋40％噻唑锌600倍液或5％中生菌素可湿性粉剂1 500倍液＋25％噻虫嗪水分散粒剂4 000倍液，根据天气情况，杀菌剂每7～15 d喷布一次，杀虫剂根据虫情预测确定。②桃小食心虫出土前，地面喷布或滴灌鳞翅目害虫的病原线虫15亿～30亿条/hm²。

8. 中晚熟品种套袋后至采前20 d

（1）主要防治对象 疮痂病、褐腐病、炭疽病以及梨小食心虫、桃小食心虫、桃蛀螟、天牛、卷叶虫类、叶螨类等。

（2）主要害虫测报方法 ①桃小食心虫可利用性信息素诱捕法监测成虫数量，成虫高峰后5～7 d，并且高峰期平均每个诱捕器诱到5头以上，即可进行农药防治。②桃蛀螟可利用性信息素诱捕法监测成虫数量，连续3 d诱到成虫，并且平均每个诱捕器诱到5头以上，即可进行农药防治。③二斑叶螨和山楂叶螨的平均活动螨数量达到2头/叶时需进行药剂防治，否则不加杀螨剂。

（3）主要防治措施 ①根据天气情况，杀菌剂每7～15 d喷布一次，根据虫情预测确定喷药。此期病虫种类发生较多，推荐使用以下药剂：食心虫、卷叶蛾类可用 60 g/L 乙基多杀菌素悬浮剂 3 000 倍液、20% 氯虫苯甲酰胺悬浮剂 8 000 倍液、2% 甲氨基阿维菌素苯甲酸盐水乳剂 2 500 倍液、3% 甲维·氟铃脲悬浮剂 1 000 倍液、5% 除虫脲乳油 1 500 倍液等；潜叶蛾、食叶性害虫可用 25% 灭幼脲悬浮剂 1 500 倍液、5% 氟铃脲乳油 1 500 倍液等；叶螨可用 43% 联苯肼酯悬浮剂 3 000 倍液、24% 螺螨酯悬浮剂 4 000 倍液、40% 联肼·螺螨酯悬浮剂 3 000 倍液、5% 噻螨酮乳油 1 500 倍液等；疮痂病、褐腐病、炭疽病可用 50% 醚菌酯水分散粒剂 3 000 倍液、50% 吡唑醚菌酯水分散粒剂 3 000 倍液、25% 丙环唑水乳剂 4 000 倍液、80% 代森锰锌可湿性粉剂 800 倍液、70% 甲基硫菌灵可湿性粉剂 800 倍液、50% 多菌灵可湿性粉剂 600 倍液等。②6 月上中旬进行果园行间旋耕，使马唐、稗等禾本科草尽早覆盖地面。③雨后拔除葎草等恶性杂草。④检查主枝、主干上的天牛幼虫，发现后树干注射 80% 敌敌畏乳油 20 倍液，注射后缠塑料薄膜。

（4）注意事项　①对于不套袋中晚熟园区，一般每 10～15 d 喷布一次杀菌剂。若遇连续阴雨天气，7～10 d 喷药一次。根据虫害观察测报情况，添加适当杀虫剂防治。②对于套袋和采收结束的园区，根据害虫、害螨发生情况，选择适当的杀虫剂、杀螨剂，可不加杀菌剂。

9. 采收前 15～20 d

（1）主要防治对象　食心虫、叶螨、潜叶蛾以及疮痂病、褐腐病、炭疽病等。

（2）主要防治措施　不套袋园区，喷布 24% 腈苯唑悬浮剂 3 000 倍液＋相应杀虫剂；套袋园片，根据叶片虫害情况喷布相应杀虫剂。

10. 采收前 7～10 d（套袋果拆袋后）

（1）主要防治对象　褐腐病、根霉软腐病以及食心虫等。

（2）主要防治措施　①喷布 50％吡唑醚菌酯水分散粒剂 3 000 倍液或 25％嘧菌酯悬浮剂 1 500 倍液或 25％丙环唑水乳剂 4 000 倍液＋20％氯虫苯甲酰胺悬浮剂 8 000 倍液。②8 月中旬至 9 月上旬进行果园行间旋耕。

（3）注意事项　①此时期如果天气晴好干燥，可不喷农药。②此时期离采收期间隔时间短，不可喷布残留期较长的农药。

11. 采后贮运前

（1）主要防治对象　褐腐病、根霉软腐病等贮运期病害。

（2）主要防治措施　次氯酸钙（有效氯浓度为 25 mg/L）＋咯菌腈（有效浓度为 300 mL/L）浸泡 30 s。远距离运输及长期贮存的桃果可做此处理，就近消费的桃果可不做处理。

12. 果实采收后至落叶期

（1）主要防治对象　桃潜蛾、卷叶蛾、刺蛾、各种毛虫等食叶害虫、梨小食心虫、山楂叶螨、二斑叶螨等。

（2）主要防治措施　①在桃潜蛾发生严重的地块，仍要进行化学防治，常用药剂除灭幼脲以外，还可喷施杀铃脲、氟铃脲等药剂，同时还可兼治各种刺蛾、毛虫、卷叶蛾等食叶害虫。②有美国白蛾发生的果园，一定要注意防治第二代幼虫（8～9 月）。常用杀虫剂同上。③立秋后，在树干上绑草绳或诱虫带，以诱集梨小食心虫、卷叶蛾、山楂叶螨、二斑叶螨等害虫前来越冬，待果树冬剪时一并解下处理。

（三）主要病虫害防治技术

1. 病害

（1）桃树腐烂病

发生概况：桃树腐烂病是危害枝干的一种重要病害，各桃产区均有发生。寄主除桃树以外还有李、杏、樱桃等核果类果树。

症状：病菌主要危害枝干。树干受害初期，病部稍凹陷，外部可见米粒大小的流胶，其下的树皮腐烂、湿润、黄褐色、有酒糟气味。发病后期，在空气潮湿情况下，从病斑中涌出黄褐色丝状物，为病菌的分生孢子角。当病斑扩展包围主干一周时，病树很快死亡。

发病特点与影响因素：桃树腐烂病菌属于弱寄生菌，生长健壮的桃树受害较轻或不受害，树势衰弱时极易发病。春、秋两季病斑扩展较快，11 月停止扩展，次年 3～4 月开始活动，5～6 月是病害发生高峰期。冻害是腐烂病发生的主要诱因。凡能导致桃树树势衰弱的因素，如负载量过大、氮肥施用过多、磷钾肥不足、地势低洼、土壤黏重、雨季排水不良等都可诱发腐烂病。

主要防治措施：①加强栽培管理，增强树势。合理负载，增施有机肥，氮、磷、钾肥配合要适当，合理修剪，低洼果园雨季注意排水，及时防治蛀干害虫，提高树体抗寒、抗病能力。②防止冻害和日烧。防止冻害比较有效的措施，一是树干涂白，降低昼夜温差；二是树干捆草、遮盖防冻。常用涂白剂配方是生石灰 12～13 kg、石硫合剂原液（20 波美度左右）2 kg、食盐 2 kg、清水 36 kg，或生石灰 10 kg、豆浆 3～4 kg、水 10～50 kg。防止枝干日烧可用涂白法。③刮治。早春发现病斑后，用刀先将病斑刮除或用刀将病斑纵横划道，再用 40%氟硅唑乳油 100 倍液或 70%甲基硫菌灵可湿性粉剂 50 倍液涂抹伤口。

（2）桃树流胶病

发生概况：桃树流胶病也叫桃瘤皮病或疣皮病，是一种世界性病害，我国南北桃区都不同程度受害，南方产区重于北方产区，常造成树体衰弱、桃树寿命缩短，甚至枯枝死树。

症状：流胶病主要发生于主干上，其次是主枝、侧枝上，发病严重时，一至二年生枝上也有流胶。桃树流胶病有皮孔流胶和伤口流胶两种类型。皮孔流胶，发病初期皮孔附近出现水渍状疱斑，树皮凹陷、呈暗红褐色，随后隆起，疱斑破裂后，渗出胶液，胶液起初呈无色透明柔软状，后在空气中氧化并凝结干燥后变成红褐色，流胶严重时，可造成枝干枯死，甚至树体死亡。伤口流胶，最明显的部位是剪锯口和枝干害虫造成的伤口，无色透明的胶液从韧皮部溢出，与空气接触后变为红褐色，发病严重时，伤口附近组织坏死。

发病特点与影响因素：桃树流胶病包括侵染性流胶病和非侵染性流胶病。侵染性流胶病是由葡萄座腔菌属真菌侵染引起的，一年中有两次发病高峰，分别在 5 月下旬至 6 月下旬和 8 月上旬至 9 月下旬，入冬后流胶停止，多雨多湿有利于分生孢子的释放和传播，降雨多的地区发病严重。

桃树非侵染性流胶病，在生长季节均可发生，非侵染性流胶病致病因素较多，如土壤黏重、排水不良、日灼、冻害等不良环境条件，机械损伤、虫伤等伤口，修剪过重、结果过多、偏施氮肥、除草剂和多效唑施用过多等管理不当，都可引起桃树流胶。

主要防治措施：桃树流胶病致病因子复杂，防治上以农业防治为主，化学防治为辅，从增强树势和减少病原菌侵染两个方面进行控制。

①农业防治。建园时选择地势高、透水性好的沙质壤土地建园；对于透水性较差的土壤，起垄栽植，桃园周围开挖排水沟。加强栽培管理，增强树势。增施有机肥，合理使用氮、磷、钾肥料；及时防治桃园病虫害；合理修剪，根据树势确定产量，不过分追求高产，以保证桃树生长健壮；生长季节适时浇水追肥；桃园不使用除草剂，采取生草栽培；桃园少用或不用多效唑、PBO 等生长抑制剂。冬季清园，冬季修剪时将病枯枝剪除，集中深埋或烧掉，减少病菌侵染来源。防治虫害，及时防治桃树蛀干害虫如天牛等，减少虫害伤口，同时降低田间操作产生的机械伤口。修剪后，较大的剪锯口涂抹保护剂。

②化学防治。萌芽前，全园喷布 5 波美度的石硫合剂，杀灭越冬菌源。在桃树生长期，喷布 70%甲基硫菌灵可湿性粉剂 800 倍液或 50%多菌灵可湿性粉剂 600 倍液或 80%代森锰锌可湿性粉剂700 倍液，防治果实和叶片病害的同时，可兼治桃树流胶病。树体

流胶严重时，可先刮除胶块，然后用 40％氟硅唑乳油 100 倍液或50％多菌灵可湿性粉剂 50 倍液涂抹。

（3）桃缩叶病

发生概况：桃缩叶病分布广泛，我国各桃产区均有发生，但以沿海和滨湖地区发生较重，该病除危害桃树外，还可危害杏、李等近缘果树。

症状：桃缩叶病主要危害叶片，也可危害嫩梢、花和幼果。受害叶片卷曲，颜色发红；随着病叶的生长，叶片卷曲皱缩加剧，并增厚变脆，呈红褐色；后期病叶变褐、焦枯、脱落。受害嫩梢灰绿色或黄色，较正常枝条节间短而略粗肿，叶片丛生，严重受害时易枯死。花瓣受害后变肥、变长。幼果受害后畸形，果面龟裂，易脱落。

发病特点与影响因素：引起该病的病原菌为畸形外囊菌。病菌在芽鳞片或枝干皮缝内越冬，翌年桃树萌芽时，病菌侵染嫩叶，造成发病，成熟组织则不能被侵染。夏季高温不利于孢子萌发和侵染，偶有侵入，危害也不明显，病菌一般不发生再次侵染。

病害发生轻重与早春气候状况关系密切，早春低温多雨的地区或年份病害发生重，反之则轻，当温度在 21 ℃以上时，病害则停止发展。

主要防治措施：

① 农业防治。在初见病叶时及时摘除并集中烧毁或深埋，可减少越冬菌源。对发病重的园区，应加强肥水管理，尽快恢复树势。

② 化学防治。防治的关键时期是芽萌动至花瓣露红期，用 4～5 波美度的石硫合剂喷干枝。在上年发病严重的果园或春季多雨潮湿的年份，落花后喷 1 次 50％多菌灵可湿性粉剂 600 倍液或 70％甲基硫菌灵可湿性粉剂 700 倍液或 70％代森锰锌可湿性粉剂 500～600 倍液等药剂，可收到良好的防治效果。

（4）桃细菌性穿孔病

发生概况：桃细菌性穿孔病是桃树上常见的叶部病害，在世界各地均有发生，在我国各桃产区广泛分布，特别是在沿江、沿海、滨湖地区以及多雨年份和排水不良的果园发生较重。该病可造成叶片穿孔脱落和果实疮痂，严重影响产量和质量。该病除危害桃外，还可危害杏、李、樱桃等核果类果树。

症状：桃细菌性穿孔病可危害叶片、果实和枝条。叶片发病，初为水渍状小斑点，后扩大为近圆形、褐色病斑，病斑周围有黄绿色晕圈，潮湿时叶背面溢出黄白色黏液，后期病斑穿孔，严重时叶片脱落。枝条受害出现春季溃疡和夏季溃疡两种类型，春季溃疡一般出现在上年夏季抽生的枝条上，夏季溃疡出现在当年生新梢上，病斑褐色、稍凹陷。果实发病，初为水渍状、淡褐色小斑，后病斑扩大，稍凹陷，病斑易开裂。

发病特点与影响因素：桃细菌性穿孔病病菌在枝条的病组织内越冬，第二年春天，随着气温的升高，病菌开始繁殖，随风雨或昆虫传播到叶片和嫩枝上，在适宜的温湿度条件下侵入寄主。病害发生有两个高峰期，第一个高峰期在 6 月中旬左右，这个高峰期的早晚取决于降雨次数和降水量，降雨次数多或降水量大，发病早而重，反之则轻；第二个发病高峰期在 7 月下旬至 8 月，受害严重的树从 8 月下旬开始落叶。

该病发生与气候、树势、品种有关，其中气候条件尤为重要，在 20 ℃以上、多雨高湿条件下发病重，反之则轻。果园地势低洼、排水不良、偏施氮肥、通风透光不良时，病害发生重。

主要防治措施：

① 农业防治。多施有机肥，避免偏施氮肥，增强果树抗病性；合理修剪，适当稀植，使树体通风透光，以降低果园湿度；结合果树冬季修剪，剪除树上的病枯枝。

② 化学防治。应抓住关键时期喷药，秋季落叶后，喷布 1∶1∶100 倍波尔多液或 77％氢氧化铜 500 倍液或 30％氧氯化铜 300 倍液；桃树萌芽前喷 4～5 波美度的石硫合剂或 1∶1∶100 倍波尔多液；桃树展叶后，在第一个发病高峰期前（一般在 5 月），如遇小雨，要及时喷药，在雨水多的年份，一般间隔半个月左右喷药 1

次。常用药剂有 40％噻唑锌悬浮剂 800 倍液、0.3％四霉素水剂 500 倍液、65％代森锌可湿性粉剂 500 倍液、70％代森锰锌可湿性粉剂 600 倍液。

(5) 桃褐腐病

发生概况：桃褐腐病又称为桃菌核病、果腐病，是桃树上主要病害之一。该病呈世界性分布，在我国各桃产区均有发生，严重影响果实产量、品质和商品价值。该病除危害桃外，还可危害李、杏、梅、樱桃等核果类及梨、苹果等。

症状：该病主要危害果实，也可危害花、叶和枝条。果实被害初期在果面上产生褐色圆形病斑，环境条件适宜时，病斑在数日内便可扩及全果，果肉亦随之变褐软腐；病斑表面生出灰褐色绒状霉丛，即病菌的分生孢子层，常呈同心轮纹状排列；病果腐烂后易脱落，有的因水分蒸发较快干缩成僵果，悬挂树上到第二年也不脱落。花受害，在花瓣上产生褐色水渍状斑点，后逐渐蔓延到全花，潮湿时，病花迅速腐烂，表面着生灰色霉层，干燥时，病花干枯萎缩。叶片受害，从叶缘开始产生褐色病斑，扩展至叶柄，叶片萎缩。枝条受害，形成长圆形溃疡斑，病斑常伴有流胶，高湿时产生灰褐色霉层，发病严重时，病斑环绕枝条，造成枝条枯死。

发病特点与影响因素：病菌在僵果和病枝上越冬，第二年春季当气温升高后，病菌孢子借风雨和昆虫传播到花上，可引起花腐；传播到枝条上，可引起溃疡斑；传播到果实上，果实暂时不表现症状，到果实膨大后期或近成熟期才表现症状。在多雨潮湿的年份常流行成灾，引起大量烂果。果实自幼果至成熟期都可受害，以果实接近成熟期受害严重。

桃褐腐病的发生与气候因素密切相关，与管理水平、品种抗性也有关系。桃树花期多雨，容易引起花腐；果实近成熟期，遇高温、多雨、重雾有利于发生果腐；贮运中高温高湿，容易引起果实腐烂。不同品种抗病性不同，成熟后汁多、皮薄、味甜、果肉柔软的品种较易感病，反之比较抗病。果园管理粗放、地势低洼、通风透光不良，有利于病菌侵染。

主要防治措施：清除菌源、加强栽培管理和适期喷施农药是防治褐腐病的主要措施。

① 农业防治。在果树冬剪时，彻底清除树上病僵果，消灭菌源；在果树生长季，适时夏剪，改善果园通风透光条件；雨季及时排除积水，降低果园湿度；套袋可以隔绝病菌与果实的接触。

② 化学防治。春季在果树发芽前喷 1 次 4～5 波美度的石硫合剂。落花后 10 d 左右，开始喷布杀菌剂，根据天气情况，一般 7～15 d 喷布一次，可选择以下药剂：24％腈苯唑悬浮剂 3 000 倍液，50％吡唑醚菌酯水分散粒剂 3 000 倍液，25％丙环唑水乳剂 4 000 倍液，50％多菌灵可湿性粉剂 600 倍液，70％甲基硫菌灵可湿性粉剂 800 倍液，70％代森锰锌可湿性粉剂 800 倍液，50％异菌脲可湿性粉剂 1 500 倍液。为延缓病菌产生抗药性，应轮换使用不同类型的药剂。

（6）桃疮痂病

发生概况：桃疮痂病又称为桃黑星病、黑点病、黑痣病，是桃树上主要病害之一。该病呈世界性分布，在我国各桃产区均有发生，严重影响果实品质和商品价值。该病除危害桃外，还可危害李、杏、梅等核果类果树。

症状：桃疮痂病主要危害果实，也可危害叶片和新梢。被害果实多在肩部出现暗褐色圆形小点，后期变为黑色痣状斑点，常聚合成片；病菌仅在果皮浅层组织内扩展；病果常发生龟裂，果柄受害，果实常早期脱落。新梢被害后，病斑为长圆形、浅褐色，受害部位常发生流胶。叶片被害，在叶背出现不规则或多角形灰绿色小型病斑；发病严重时，病斑干枯脱落形成穿孔，可引起早期落叶。

发病特点与影响因素：病菌主要以菌丝体在枝梢的病部或芽鳞片上越冬，翌年产生分生孢子，随风雨传播，直接侵入。病菌在果实上的潜育期为 40～70 d。果实一般从 6 月开始发病，7～9 月最重。

该病的发生流行与气候关系密切，与品质、果园环境也有关系。春季和夏初的降雨多，当年发病重。由于该病潜伏期长，早熟品种表现发病轻，中晚熟品种表现发病重。果园地势低洼、排水不良、栽植过密、通风透光差，都会加重发病。

主要防治措施：

① 农业防治。冬剪时剪除病枝，集中烧毁或深埋，减少菌源；及时夏剪，改善通风透光条件，降低果园湿度；果实套袋是预防果实病害的重要手段。

② 化学防治。在桃树发芽前喷布 3～5 波美度的石硫合剂，铲除越冬菌源。对历年发病重的桃园，从落花后桃果脱萼期开始，视天气情况，每 7～15 d 喷 1 次杀菌剂，直到采收。常用药剂有 10％苯醚甲环唑悬浮剂 1 500 倍液、430 g/L 戊唑醇悬浮剂 6 000 倍液、40 g/L 氟硅唑乳油 8 000 倍液、12.5％烯唑醇可湿性粉剂 1 500 倍液、12.5％腈菌唑乳油 2 000 倍液、50％吡唑醚菌酯水分散粒剂 3 000 倍液、50％多菌灵可湿性粉剂 600 倍液、70％甲基硫菌灵可湿性粉剂 800 倍液、65％代森锰锌可湿性粉剂 500 倍液。为延缓病菌产生抗药性，应轮换使用不同类型的药剂。

（7）桃炭疽病

发生概况：桃炭疽病是桃树上重要的果实病害，在全世界广泛分布，我国各个桃产区均有发生，以南方桃产区发病为重。

症状：桃炭疽病主要危害果实，也能危害叶片和新梢。幼果被害后果面呈暗褐色，发育受阻，萎缩硬化，多成僵果，挂在树枝上不落；果实膨大期染病，初期出现水浸状淡褐色病斑，病斑逐渐扩大，呈圆形或椭圆形、红褐色、凹陷，天气潮湿时病斑上长出橘红色小粒点，为病菌的分生孢子盘及分生孢子，被害果除少数干缩残留在树上外，大多数都在 5、6 月脱落；后期发病的果实，病斑显著凹陷，具明显的同心环状皱缩纹，最后果实软腐，多数脱落。叶片受害，在叶片上产生圆形或半圆形淡褐色病斑，病斑边缘清晰，病叶提早脱落。枝梢受害，病斑褐色、梭形或长椭圆形，稍凹陷，天气潮湿时，病斑上密布橘红色小点粒，当病斑环绕枝条一周时，病斑以上枝条枯死。

发病特点与影响因素：病菌主要在病梢组织内和树上的僵果中

越冬，翌年春季产生分生孢子。分生孢子随风雨或昆虫传播至新梢和幼果上，引起初侵染。新生病斑上产生的分生孢子可引起再侵染，造成果树生长季均可侵染发病。桃树开花期和幼果期低温多雨有利于发病，果实近成熟期遇高温高湿发病严重。多雨潮湿年份易造成大量烂果。

该病发生与气候条件和栽培管理密切相关，高温高湿利于发病，因此，果园地势低洼、排水不良、栽植过密、通风透光差都会加重发病，暴雨过后也会造成病害爆发。

主要防治措施：清除菌源、改善通风透光条件、适时喷施农药是防治桃炭疽病的主要措施。

① 农业防治。在冬季修剪时，彻底清除树上的枯枝、僵果和地面落果，集中烧毁，以消灭越冬病菌；果园建立排水系统，透水不良地块起垄栽培，雨后及时排除积水；适当稀植、合理修剪，增强通风透光，降低果园湿度；加强果树管理，增施磷、钾肥料，提高果树抗病能力；套袋可有效减少果实病害发生。

② 化学防治。在花芽萌动前喷布 1∶1∶100 波尔多液或 4～5 波美度的石硫合剂，可铲除在树体上越冬的病菌。从桃树落花后桃果脱萼期开始，视天气情况每隔 10～15 d 喷 1 次杀菌剂。常用药剂有 10% 苯醚甲环唑悬浮剂 1 500 倍液、430 g/L 戊唑醇悬浮剂 6 000 倍液、40 g/L 氟硅唑乳油 8 000 倍液、12.5% 烯唑醇可湿性粉剂 1 500 倍液、12.5% 腈菌唑乳油 2 000 倍液、50% 吡唑醚菌酯水分散粒剂 3 000 倍液、70% 甲基硫菌灵可湿性粉剂 800 倍液、50% 多菌灵可湿性粉剂 600 倍液、50% 咪鲜胺乳油 1 500 倍液。为延缓病菌产生抗药性，应轮换使用不同类型的药剂。

(8) 桃枝枯病

发生概况：桃枝枯病又称为桃溃疡病、桃缢缩性溃疡病，是危害桃树枝条的一种重要病害。该病在法国、美国、日本、意大利及北大西洋等地有发生报道；在我国主要发生在长江以南的桃产区，严重时可导致产量损失 20%～50%。

症状：该病主要危害新梢，通常在桃树新梢基部位置出现环状棕褐色至黑褐色病斑，病部略凹陷，当病斑环绕枝条1周后，致使枝条病部以上叶片枯萎，枝条枯死，有的枝条发病部位伴有小团流胶产生；后期枝条病斑变灰黑色，病部可见许多微小突起的小黑点（分生孢子）；雨后或潮湿天气时，枝条背阴面的小黑点上能分泌淡乳黄色黏液即分生孢子，风干后形成淡黄色至黄色的分生孢子角。

发病特点与影响因素：病菌主要以菌丝体和分生孢子在病枝上越冬，第二年春季产生分生孢子从叶痕基部和新梢基部侵染，潜育期10 d左右。

该病的发生与气候条件和栽培管理密切相关，多雨年份病害发生严重，排水不良、果园密闭、树势衰弱的园片发生严重。

主要防治措施：清除菌源、健壮树体、通风透光、适时喷施农药是防治桃枝枯病的主要措施。

① 农业防治。结合修剪，将剪除的病枝集中烧毁或深埋；及时夏剪，改善通风透光条件，降低果园湿度；增施肥料，提高树体抗病力；雨后及时排除积水。

② 化学防治。谢花后，每10～15 d喷施1次杀菌剂，共喷3～4次。常用药剂有10%苯醚甲环唑悬浮剂800倍液、70%甲基硫菌灵可湿性粉剂600倍液、50%咪鲜胺乳油1 000倍液，50%多菌灵可湿性粉剂600倍液。为延缓病菌产生抗药性，应轮换使用不同类型的药剂。

（9）桃根瘤病

发生概况：桃根瘤病分布广泛，是一种世界性病害，中国1899年在桃树上首次发现（董金皋，2001）。目前，在国内各个桃产区均有发生。幼树感病，植株生长缓慢，甚至叶片黄化，严重的可造成树体死亡。成龄树感病后，生长不良，树势衰弱，果实小，产量低，树龄缩短。近年来随着桃园重茬，该病发病严重。该病除危害桃、樱桃、李、杏等核果类果树外，还能危害苹果、梨、木瓜、板栗等果树以及其他林木、花卉、杂草甚至瓜类。

症状：根瘤病主要发生在根颈部，在侧根和支根上也有发生，但以嫁接口处较常见。感病部位先出现瘤，其形状、大小、质地因寄生部位不同而异，小的如豆粒，大的如胡桃或拳头或更大。新形成的瘤，初期幼嫩，呈乳白色或略带红色，光滑柔软，后期木质化而坚硬，呈褐色，表面粗糙或凹凸不平，严重时，整个根颈处变成一个大的瘤子。发生根瘤病的桃树，由于病株的根部对水分和养分的吸收差，树势衰弱，甚至出现缺素症状。

发病特点与影响因素：根瘤病由土壤杆菌属的细菌侵染引起。该病可常年发病，但主要于春秋季节桃树定植时或播种后侵染。病菌在瘤组织内或土壤中越冬，在土壤中能存活 1 年以上。病菌通过伤口侵入寄主。苗木带菌是远距离传播的重要途径。

根瘤病的发生主要受到土壤中病菌数量、土壤条件、伤口等影响。重茬土壤中病菌种群数量明显高于普通土壤，使桃树被侵染的机会增加，发病率增高；中性土壤和弱碱性土壤有利于发病，酸性土壤不利于发病；沙壤土比黏土发病重；根部伤口有利于病菌侵染。

主要防治措施：根瘤土壤杆菌具有特殊的致病机制，侵染植物后很难控制。根瘤病的防治要以预防为主。

① 植物检疫。加强苗木检测是预防和控制根瘤病的重要措施。

② 生物防治。在播种、移栽和定植时，使用 K84 对种子和苗木进行拌种和蘸根处理，在种子和苗木接触土壤之前使菌剂附着在种子或苗木的表面，可以有效地防治根瘤病。

③ 育苗地的选择。选择无病原菌污染的地块作为苗圃地，严禁将重茬地作为苗圃地。

2. 虫害

（1）梨小食心虫

分布与危害：梨小食心虫属鳞翅目卷蛾科，又名梨小蛀果蛾、东方蛀果蛾、折梢虫，是桃树的主要害虫之一。该虫害在我国各桃产区均有发生，寄主广泛，除危害桃外，还可危害梨、苹果、杏、李、樱桃、山楂、枇杷、杨梅等多种果树。在桃树上，幼虫既可危害新梢，也可危害果实，尤其对中晚熟品种的果实危害较重。新梢被害后，顶端出现流胶，并有虫粪，端部叶片萎蔫，新梢髓部被蛀空，干枯折断。幼虫危害果实多从梗洼、萼洼以及果实与果实相贴处蛀入。前期被害的果实虫道较浅，蛀入孔周围稍凹陷，湿度大时变黑腐烂，俗称"黑膏药"；后期被害的果实蛀入果孔周围呈绿色，脱果孔较大，周围附着有虫粪，剖开虫果可见虫道直向果心，虫道内和种子周围有细粒虫粪。"黑膏药"和直向果心的虫道是鉴别该虫的重要依据。

形态特征：

① 成虫。体长 6～7 mm，全体灰褐色无光泽，触角丝状，前翅前缘有 8～10 条白色斜纹。

② 卵。长 0.5 mm，扁椭圆形，中央稍隆起，初产时乳白色，后渐变成淡黄色。

③ 幼虫。体长 10～13 mm，头、前胸盾、臀板均为黄褐色，胸、腹部淡红色或粉色，臀栉 4～7 节。

④ 蛹。黄褐色，长 6～7 mm，腹部第 3～7 节背面前后缘各具一行短刺，第 8～10 节各具一行稍大的刺，腹部末端具钩状刺毛。茧白色，长约 10 mm，丝质，椭圆形，底面扁平。

生活习性：梨小食心虫一生经过 4 个阶段，即成虫、卵、幼虫和蛹。成虫白天多静伏于枝叶和杂草中，傍晚活动交尾，夜间产卵，对糖醋液、黑光灯和烂果有趋性。危害桃梢时，成虫产卵于嫩叶背面的主脉两侧；幼虫孵化后从新梢顶端蛀入，向下蛀食，一直到达老化的木质部，1 头幼虫可危害 2～3 个新梢，也可从新梢转出，危害果实；幼虫老熟后爬向枝干粗皮等处化蛹。危害果实时，成虫产卵于果实胴部。幼虫孵化后蛀入果实，老熟后向果外咬 1 个虫孔脱果，爬至枝干粗皮处或果实基部结茧化蛹。

梨小食心虫在山东每年发生 4～5 代。以幼虫结茧越冬，越冬场所较多，主要有树体翘皮裂缝、剪锯口缝隙、树体上的残余果袋、顶棍与枝干缝隙以及树下土壤，或在果实仓库堆果场及其果品包装点、包装器材等处越冬。翌年 3 月下旬至 4 月中旬出现越冬代成虫，因越冬幼虫龄期不一，越冬代成虫从出现到结束长达 20 d 以上，造成后代世代重叠严重。

温度、湿度和光照是影响梨小食心虫生长、发育、繁殖的重要因素。梨小食心虫在平均温度 10 ℃以上时开始化蛹。成虫产卵的最适温度为 24～29 ℃，最适相对湿度为 70％～100％。在越冬代成虫产卵期，20:00 时温度低于 18 ℃时产卵量减少，高于 19 ℃产卵量增多，在适宜的温度范围内，梨小食心虫发育天数随温度的升高而缩短。梨小食心虫成虫活动交尾要求 70％以上的空气相对湿度，因此在雨水多的年份对成虫繁殖有利，此时成虫产卵量大，危害严重。幼虫脱果后，在适宜的温度范围内，是否化蛹主要取决于幼虫生活期的光照长度，在每天 14 h 以上的光照时数下发育的幼虫几乎全不滞育，当每天光照时数在 11～13 h 时，可使 90％以上的幼虫进入滞育。

主要防治措施：

① 农业防治。建园时，避免桃、梨混栽。消灭越冬幼虫，早春发芽前，进行刮树皮，刮下的树皮集中烧毁；越冬幼虫脱果前，在主枝主干上束草或放置诱虫带、布条等诱杀脱果越冬的幼虫；清理果箱、果筐、堆果场的越冬幼虫。剪除受害梢，摘掉或拾捡被害果。于花后 10～25 d 进行果实套袋，可有效控制梨小食心虫危害。

② 物理防治。利用成虫对黑光灯的趋性，在成虫发生高峰期进行诱杀，因多种天敌对黑光灯也有趋性，应注意开灯时间，尽量避免对天敌的伤害。利用成虫对糖醋液的趋性，在果园设置糖醋液诱盆进行诱杀，糖醋液配方为糖∶醋∶酒∶水＝5∶20∶5∶80，并加入少量洗衣粉。

③ 信息素干扰法。目前信息素干扰法是防治梨小食心虫最为有效的方法，但要求桃园面积较大、农户组织起来同时释放迷向素，方可收到良好的防治效果。在桃树初花期，全园释放梨小食心虫迷向素，根据迷向素含量和剂型，确定使用量和使用次数，迷向素释放位置在离树顶 1/3 处。

④ 生物防治。释放天敌，在梨小食心虫成虫羽化始盛期释放

松毛虫赤眼蜂，每 5～7 d 释放 1 次，每代释放 2～3 次，每次放蜂量为 30 万～45 万头/hm²。保护自然天敌，提倡果园内自然生草或行间种植有益草种，增加果园生物多样性；在果树生长前期不喷广谱性杀虫剂。

⑤ 化学防治。药剂防治的关键是喷药时间。可结合诱杀成虫进行测报，依据田间调查，掌握各代成虫盛发期和产卵孵化高峰期，在成虫高峰出现后 2～3 d 及时喷药，会收到良好的防治效果。药剂可选择 60 g/L 乙基多杀菌素悬浮剂 3 000 倍液、200 g/L 氯虫苯甲酰胺悬浮剂 8 000 倍液、2% 甲氨基阿维菌素苯甲酸盐微乳剂 2 500 倍液、6% 甲维·杀铃脲悬浮剂 1 500 倍液、3% 甲维·氟铃脲乳油 1 000 倍液、5% 除虫脲乳油 1 500 倍液、5% 杀铃脲乳油 1 000 倍液、24% 甲氧虫酰肼悬浮剂 3 000 倍液等。要求喷药必须及时、均匀、周到。

（2）桃蛀螟

分布与危害：桃蛀螟属鳞翅目螟蛾科，又叫桃蛀野螟、桃蠹螟、豹纹斑蛾、桃斑螟。桃蛀螟在我国大陆地区和台湾均有分布，记载的寄主植物有 100 余种，幼虫除蛀食桃、梨、杏、李、枣、苹果等果树外，还危害玉米、高粱、向日葵以及松、杉、臭椿等林木。在桃树上，桃蛀螟是危害桃果实的主要害虫之一，幼虫在果内取食，尤以双果、多果或贴叶果受害严重。被害桃果外面堆有红褐色虫粪，并有流胶。

形态特征：

① 成虫。体长 9～14 mm，翅展 20～26 mm，橙黄色，鳞毛细小，触角丝状，复眼黑色，身体背面及前后翅面上散布有黑色小斑点。

② 卵。椭圆形，长约 0.6 mm，初产时乳白色，后渐变为黄色，孵化前变为橘红色。表面有密而细小的圆形刺点，卵面有网状花纹。

③ 幼虫。老熟幼虫体长约 25 mm。体色变化较大，危害果实的幼虫大部分为暗红色，背面紫红色，头部、前胸盾板、臀板暗褐

色或褐色。

④ 蛹。长 10～15 mm，长椭圆形，初化蛹淡黄绿色，后变为深褐色，尾端有臀刺 6 根。

生活习性：桃蛀螟在我国各地每年发生代数不一。在山东每年发生 2～3 代，以老熟幼虫在树皮缝隙、树洞等处越冬，有的在向日葵花盘或玉米秸秆内越冬。越冬幼虫不耐低温，在冬季寒冷的地区，越冬幼虫死亡率高。越冬幼虫于 5 月上中旬化蛹，5 月下旬至 6 月中旬羽化为越冬代成虫。7～8 月发生第一代成虫，此时李、杏和早熟桃的大部分果实已经采收，成虫便转移到苹果、梨、栗、晚熟桃等果园中或农作物上继续产卵，幼虫约在 9 月开始寻找越冬场所越冬。

成虫白天常静伏于树叶背面，夜间交尾产卵，成虫飞翔能力强，3～5 日龄成虫可连续飞行 20 多 km。对黑光灯和糖醋液有强烈的趋性。成虫喜欢在树叶繁茂的树上产卵，尤以两果相接处或贴叶处产卵较多，每处产卵 2～3 粒，多者达 20 余粒。卵期约 1 周。幼虫孵化后爬行片刻，即从果实肩部或胴部蛀入果内，一般 1 个果内有 1～2 头幼虫，多者达 8～9 头。幼虫有转果危害习性。幼虫期 20 d 左右。老熟幼虫在果内或脱果后在两果间及果台等处结茧化蛹，蛹期 10 d 左右。

主要防治措施：

① 农业防治。在果树生长季及时摘掉被害果和拾取落地虫果，集中销毁，可消灭幼虫。果实套袋可有效控制桃蛀螟危害。利用桃蛀螟成虫对向日葵花盘产卵有较强的选择性，在果园内小面积种植向日葵诱集成虫产卵，集中消灭。

② 生物防治。释放天敌，在桃蛀螟成虫盛发期人工释放赤眼蜂。保护自然天敌，提倡果园内自然生草或行间种植有益草种，增加果园生物多样性；在果树生长前期不喷广谱性杀虫剂。

③ 物理防治。利用桃蛀螟的趋性，在成虫羽化后，使用黑光灯和糖醋液诱杀成虫。使用黑光灯诱杀时，应注意开灯时间，尽量避免对天敌的伤害。

④ 化学防治。化学防治的关键时期是成虫产卵期和幼虫孵化期，利用性信息素诱捕法监测成虫数量。连续 3 d 诱到成虫，并且平均每个诱捕器诱到 5 头以上，即可进行农药防治。药剂与防治梨小食心虫的相同。

（3）桃小食心虫

分布与危害：桃小食心虫属鳞翅目蛀果蛾科，又叫桃蛀果蛾，俗称桃小，是我国落叶果树上最重要的蛀果害虫之一，在果内分布广泛。主要危害仁果类和核果类果实。以幼虫蛀食果实，近几年桃小食心虫的危害有加重的趋势，特别是一些不套袋果区，由于防治不当，对果实品质造成较大的影响。

形态特征：

① 成虫。雌虫体长 7~8 mm、翅展 16~18 mm，雄虫体长 5~6 mm、翅展 13~15 mm，全身白灰至灰褐色，复眼红褐色。雌虫唇须较长并向前直伸，雄虫唇须较短并向上翘。前翅中部近前缘处有近似三角形蓝灰色大斑，近基部和中部有 7~8 簇黄褐色或蓝褐色斜立的鳞片。后翅灰色，缘毛长、浅灰色。

② 卵。椭圆形，初产卵橙红色，后渐变为深红色，近孵卵顶部显现幼虫黑色头壳，呈黑点状。

③ 幼虫。幼虫体长 13~16 mm，桃红色，腹部色淡，无臀栉，头黄褐色，前胸盾黄褐色至深褐色，臀板黄褐色或粉红色。

④ 蛹。长 6.5~8.6 mm，初化蛹黄白色，近羽化时灰黑色，蛹壁光滑无刺。茧分冬、夏两型，冬茧扁圆形，长 2~3 mm，茧丝紧密；夏茧长纺锤形，长 7.8~13.0 mm，茧丝松散，两种茧外表均粘着土砂粒。

生活习性：地域、气候变化与寄主均可影响桃小食心虫的发生规律。在山东桃产区，每年发生 1~2 代，以老熟的幼虫做茧在土中越冬。越冬代幼虫在 5 月上中旬开始出土，5 月下旬至 6 月上旬为出土盛期，出土后在树冠下荫蔽处（如靠近树干的石块和土块下和杂草根旁）做夏茧并在其中化蛹，蛹期 11~20 d，一般于 5 月下旬后陆续出现越冬代成虫，成虫昼伏夜出，栖息于果园内落叶、杂草的根际或茂密的叶片丛中，日落后开始活动。雌虫将卵散产于果实上。初孵幼虫先在果面爬行数十分钟，选择适当的部位，咬破果皮，然后蛀入果中。第一代幼虫于 7 月初至 9 月上旬陆续老熟，脱果落地。第二代幼虫在果内危害至 8 月中下旬开始脱果，一直延续到 10 月陆续入土越冬。

桃小食心虫历年发生量变动较大，越冬幼虫出土、化蛹、成虫羽化及产卵，都需要较高的湿度。越冬幼虫出土期间如遇透雨或灌水，幼虫出土集中，出土历期时间短；如干旱无水，土壤湿度小，幼虫出土不整齐，出土历期可达 60 d 以上。

主要防治措施：

① 果实套袋。果实套袋是防治桃小食心虫最有效的办法，于花后 10～25 d 进行果实套袋。

② 生物防治。利用白僵菌或斯氏线虫防治出土期、入土期的老熟幼虫，该方法适合有灌溉条件、土壤湿度较大的果园和覆草果园，地面喷布或滴灌白僵菌或鳞翅目害虫的病原线虫，浓度为 15 亿～30 亿条/ hm^2。

③ 化学防治。地面施药，关键时期在越冬幼虫出土期，用 50％辛硫磷乳油 300 倍液或 48％毒死蜱乳油 300 倍液往地面喷雾，喷药后用锄轻轻使药剂和土壤混匀，第一次施药后隔半个月左右再施药一次。树上喷药，关键时期在卵孵化盛期至蛀果前，此时的幼虫暴露在果实外面，容易防治，连续喷药 2～3 次。药剂同梨小食心虫。

（4）桃蚜

分布与危害：桃蚜属半翅目蚜科，别名腻虫、菜蚜、烟蚜、油汉等。桃蚜在全国各地均有分布，是桃树的一种主要害虫，除危害桃、李、杏、樱桃等多种果树以外，还危害烟、麻、棉以及十字花科蔬菜等多种经济作物。成虫和若虫群集在芽、叶、嫩梢上吸取汁液，被害叶片向背面不规则卷曲皱缩，叶色变黄，以致干枯；其分泌的蜜露易诱发煤污病。

形态特征：

① 无翅孤雌蚜。体长约 2.5 mm，体型肥大，头、胸部黑色，腹部绿色、黄绿色或红褐色。

② 有翅孤雌蚜。体长 2 mm，腹部有黑褐色斑纹，翅无色透明，翅痣灰黄色或青黄色。

③ 有翅雄蚜。体长 1.3～1.9 mm，体色深绿色或暗红色，头胸部黑色。

④ 卵。椭圆形，长约 0.7 mm，初为橙黄色，后期为黑色，有光泽。

生活习性：桃蚜一生经过 3 个虫态，即成虫、卵和若虫。每年发生 10～20 余代，以卵在果树的芽旁、树皮裂缝、小枝杈等处越冬。翌春果树发芽时，越冬卵开始孵化，新孵化的蚜虫群集在芽上危害和繁殖。成虫分为无翅胎生雌蚜和有翅蚜。无翅胎生雌蚜的成蚜直接产生小蚜虫，大多为无翅胎生雌蚜。5 月上旬蚜虫繁殖最盛，危害最烈，并开始产生有翅胎生雌蚜，大部分迁飞至马铃薯、烟草、棉花及十字花科植物上危害繁殖。到 10 月间又产生有翅蚜飞回果树上，并产生有性蚜，交配后产卵于枝条芽腋处越冬。

主要防治措施：

① 生物防治。蚜虫的自然天敌瓢虫、草蛉、食蚜蝇、蚜茧蜂等，对其发生有很好的控制作用。桃园采取自然生草或在行间间作豆科植物，能改善生态环境，为这些天敌提供活动和繁殖场所。在天敌活动高峰期避免喷洒广谱性农药，能减少对天敌的伤害，发挥天敌控制害虫的作用。在生态良好的生草桃园，基本不用喷施农药，也可控制桃蚜的危害。

② 化学防治。桃树花芽露红至始花期是桃蚜孵化盛期，此时是化学防治桃蚜的最佳时期，可选用以下药剂喷雾：22% 氟啶虫胺腈悬浮剂 3 000 倍液，50% 吡蚜酮水分散粒剂 2 000 倍液，22.4% 螺虫乙酯悬浮剂 3 000 倍液，10% 氟啶虫酰胺水分散粒剂 1 500 倍液，35% 噻虫·吡蚜酮水分散粒剂 3 500 倍液。桃树落花后，出现零星蚜虫时，再喷布一次。在桃蚜防治中谨慎选择吡虫啉，在过去

很长一段时间内，吡虫啉是防治桃蚜的主要药剂，但由于使用时间长、频次高，桃蚜对此药已经产生了很高的抗性。

（5）苹小卷叶蛾

分布与危害：苹小卷叶蛾属鳞翅目卷叶蛾科，又名远东小卷叶蛾、苹果小卷叶蛾。该害虫在我国各桃产区分布广泛，除危害桃树外，还危害苹果、杏、李、樱桃、山楂、梨、柑橘等果树，以及榆、杨等林木和其他作物。幼虫取食幼叶、花和果实，幼虫常吐丝缀连叶片，潜居缀叶中取食危害。除卷叶危害外，幼虫还能潜伏于叶与果或果与果相接的地方，舐食果面。幼虫有转果危害习性，一头幼虫可转果危害 6～8 个果，因此，严重影响果品产量和品质。

形态特征：

① 成虫。体长 6～8 mm，翅展 16～21 mm，身体棕黄色。前翅由淡棕色到深黄色，后翅灰褐色，缘毛灰黄色。触角丝状，下唇须较长、向前延伸。

② 卵。卵扁平，椭圆形，数十粒排列成鱼鳞状卵块，表面有黄色蜡质物，初产时黄绿色，很快变为鲜黄色，表面有网纹。

③ 幼虫。幼虫身体细长，老熟幼虫体长 13～15 mm。头和前胸背板淡黄色，幼龄时淡绿色，老龄幼虫翠绿色，臀栉 6～8 齿。

④ 蛹。体长 9～10 mm，黄褐色，较细长。腹部第 2～7 节背面各有 2 列横刺；腹部末端臀棘发达，有 8 根钩状刺毛。

生活习性：苹小卷叶蛾一生经过 4 个虫态，即成虫、卵、幼虫和蛹。在各地的发生代数不同，在山东每年可发生 3～4 代，以第 2 龄幼虫在果树的剪锯口、树皮裂缝、翘皮下等隐蔽处结白色薄茧越冬。越冬幼虫于翌年果树发芽后出蛰，爬到叶、花芽基部吐丝缀成一个薄丝室，取食时爬出丝室，危害幼芽、花蕾、嫩叶。叶片形成后，幼虫吐丝将 2～3 片叶连缀一起形成虫苞，在其中取食，将叶片吃成缺刻或网状。幼虫老熟后在卷叶内化蛹。该虫危害果实，幼虫将接近果实的叶片缀贴在果面上，在叶下啃食果皮和果肉，形成不规则虫疤。成虫白天很少活动，常静伏在树冠内膛遮阴处的叶片或叶背上，夜间活动，有较强的趋化性和微弱的趋光性，对糖醋液或果醋趋性很强。越冬代成虫发生盛期在 6 月中旬。成虫产卵于叶面或果面较光滑处，卵期 7 d 左右。幼虫孵化后，先在卵块附近的叶片上取食，不久便分散。第一代幼虫发生期在 7 月中下旬，主要危害叶片，有时也危害果实；第二代成虫发生期在 8 月下旬至 9 月上旬；第三代幼虫孵化后危害一段时间就转移到越冬场所越冬。

主要防治措施：

① 农业防治。早春刮除树干上和剪锯口等处的翘皮，消灭越冬幼虫，或用 80％敌敌畏乳油 200 倍液涂抹剪锯口，消灭其中的越冬幼虫；9 月上旬主枝绑草把或诱虫带，主枝每隔 50 cm 左右绑 1～2 圈 3 cm 宽的布条，树上保留 10～20 个废纸袋，诱集越冬幼虫，冬季集中销毁；在果树生长季，发现卷叶后及时清除其中的幼虫。

② 生物防治。释放赤眼蜂，密度为 150 万～180 万头/hm²。根据监测，在每代成虫发生始期每隔 5～7 d 挂 1 次卵卡，连续 3～4 次。

③ 化学防治。化学防治重点在越冬幼虫出蛰期（开花前和谢花后）、各代幼虫发生初期、套袋果解袋前。可选择下列农药喷雾：24％甲氧虫酰肼悬浮剂 3 000 倍液、2％甲氨基阿维菌素苯甲酸盐微乳剂 2 500 倍液、200 g/L 氯虫苯甲酰胺悬浮剂 8 000 倍液、5％杀铃脲乳油 1 000 倍液、60 g/L 乙基多杀菌素悬浮剂 3 000 倍液、6％甲维·杀铃脲悬浮剂 1 500 倍液、3％甲维·氟铃脲乳油 1 000 倍液等。

(6) 黄斑卷叶蛾

分布与危害：黄斑卷叶蛾属鳞翅目卷叶蛾科，又叫黄斑长翅卷叶蛾、桃卷叶蛾。该虫在国内分布于北京、天津以及辽宁、山东、河北、山西、陕西等地，在国外分布在韩国、日本、俄罗斯及欧洲。黄斑卷叶蛾是桃树的一种常见卷叶虫，也可危害李、杏、苹果、梨等果树。幼虫危害花芽和叶片，被害花芽出现缺刻或孔洞，被害叶呈网状。大龄幼虫卷叶危害，将整个叶簇卷成团或将叶片沿叶脉纵卷，被害叶出现缺刻或仅剩主脉。

形态特征：

① 成虫。体长 7～9 mm，成虫从体色可分为夏型和越冬型。夏型成虫的头部、胸部和前翅呈金黄色，翅面上散生突起的银白色鳞片丛，后翅灰白色，复眼灰色。越冬型成虫的头部、胸部和前翅呈灰褐色，复眼黑色，雌蛾比雄蛾颜色稍深。

② 卵。椭圆形，扁平，初产时淡黄色半透明，逐渐变成暗红色。

③ 幼虫。老熟幼虫体长约 22 mm；低龄幼虫头部、前胸背板及足漆黑色，身体黄绿色；第 4～5 龄时，头部、前胸背板及足变为淡褐色。

④ 蛹。长约 10 mm，黑褐色，头顶有一个向背面弯曲的突起。

生活习性：黄斑卷叶蛾一生经历 4 个虫态，即成虫、卵、幼虫和蛹。每年发生 3～4 代，以冬型成虫在果园的落叶、杂草、阳坡的砖石缝隙中越冬。翌春果树萌芽期，成虫开始出蛰活动并产卵于枝条上，少数产在芽的两侧或芽基部。幼虫先危害花芽，再危害叶簇和叶片，有转叶危害的习性，主要危害叶片老熟幼虫不活泼，大部分转移到新叶内卷叶作茧化蛹。夏季发生的成虫称为夏型成虫，夏型成虫产卵于叶片上，以叶背较多，老叶着卵量比新叶多。到 10 月中旬出现越冬型成虫。

主要防治措施：

① 农业防治。清除果园内的杂草、枯枝落叶等隐蔽物，能消灭越冬成虫。对于生草管理的桃园，秋季进行土壤旋耕。春季在幼虫危害期人工摘除虫苞杀灭幼虫，效果良好。

② 化学防治。化学防治的关键时期是第一代卵孵化期，这一代卵孵化比较整齐，有利于药剂防治。使用药剂与苹小卷叶蛾相同。

(7) 桃潜蛾

分布与危害：桃潜蛾属鳞翅目潜蛾科，又称为桃潜叶蛾。桃潜蛾在中国广泛分布（除广东、广西和海南），各桃主产区均有发生，尤以北方居多；在国外分布于日本、朝鲜、俄罗斯、印度、马达加斯加以及中亚至欧洲、北非等地。桃潜蛾是危害桃、杏、李、樱桃等核果类果树的重要害虫。幼虫潜叶危害，被害叶虫道弯曲迂回，幼虫潜入叶内取食叶肉，排粪于蛀道内，被害叶片常提前脱落。

形态特征：

① 成虫。体长 2.5～4.0 mm，身体细长，银白色，体表光滑，前翅狭长、银白色，后翅灰褐色、缘毛长，腹部黄褐色、被白色鳞毛。

② 卵。椭圆形、柔软，直径约 0.5 mm，初产时淡绿色，后逐渐变为黄色。

③ 幼虫。老熟幼虫体长约 6 mm，体扁，略呈念珠状，淡绿色，腹足退化。

④ 蛹。长约 4 mm，细长，近似纺锤形，淡绿色，蛹外被有长椭圆形丝质茧。

生活习性：桃潜蛾每年发生的代数随着纬度的不同而有差异，山东每年发生 5 代。以成虫在落叶、杂草中越冬。越冬代成虫于 4 月上旬出蛰活动，白天潜伏于叶背，夜晚活动，交尾产卵，卵散产于叶片背面的表皮组织内。幼虫孵化后潜入叶片内危害，第一代幼虫发生期在 4 月中下旬，幼虫期约 20 d，老熟幼虫从蛀道内钻出，多数在叶背吐丝结茧，悬于丝网上，化蛹其中。各代成虫发生盛期大约是：第一代 5 月下旬至 6 月上旬，第二代 7 月上中旬，第三代 8 月中下旬，第四代 9 月中下旬，第五代 10 月中旬。从第二代以后出现世代重叠现象。在一年中，幼虫危害最重的时期在 6～9 月。受害重的果树在 8 月就有落叶现象。果实采收后，大部分果园由于放弃了病虫害的防治，造成后期害虫大发生，引起果树提早落叶。

主要防治措施：

① 农业防治。在果树落叶后，清扫落叶、杂草，或在早春结合深翻树盘，将落叶、杂草埋于树下，可以消灭越冬成虫。对于生草管理的桃园，秋季进行土壤旋耕，可破坏其越冬场所。

② 生物防治。对于桃潜蛾这类生活隐蔽、繁殖快、天敌众多

的害虫，在防治上应特别注意天敌的保护利用。提倡果园内自然生草或行间种植有益草种，增加果园生物多样性；在果树生长前期不喷广谱性杀虫剂。

③ 物理防治。糖醋液诱杀成虫，早春成虫出蛰后，需补充水分，对糖醋液有很强的趋性，每亩悬挂糖醋液 5 盆，对越冬代成虫具有很好的控制效果。灯光诱杀，每 3 hm² 安装杀虫灯 1 台，根据测报，在成虫发生高峰期开灯可诱杀大量成虫，其他时间不必开灯，以减少对天敌的伤害。

④ 化学防治。化学防治的关键时期是第一代初孵幼虫期，以后在各代幼虫发生盛期喷药防治。常用药剂有 25% 灭幼脲悬浮剂 1 500 倍液、20% 除虫脲悬浮剂 5 000 倍液、5% 杀铃脲乳油 1 000 倍液。

(8) 绿盲蝽

分布与危害：绿盲蝽属半翅目盲蝽科，也称为盲蝽。是一种多食性害虫，寄主种类多达 38 科 147 种。绿盲蝽在自然界中分布广泛，世界范围内在亚洲、欧洲、北美洲及非洲北部均有分布；在中国除海南、西藏外，北起黑龙江，南至两广（广东、广西），西至新疆、青海、四川、云南、贵州，东达沿海各省均有分布。该虫是果树、棉花、茶叶等多种作物上的主要害虫之一。绿盲蝽危害桃叶，造成叶片穿孔、生长停滞、畸形；危害桃果，造成果面形成凹凸不平的木栓组织，以后随着果实的膨大，最终形成畸形果，严重影响果实的商品性。

形态特征：

① 成虫。长椭圆形，体长约 5 mm、宽约 2.2 mm，绿色至黄绿色。头部三角形，复眼黑色突出，触角绿色。前翅基部革质、绿色，端部膜质、灰色、半透明。

② 卵。长椭圆形，长 0.5～1.0 mm，端部钝圆，中部略弯曲，颈部较细，卵盖黄白色。初产时为白色，后逐渐变为黄绿色。越冬卵乳黄色。

③ 若虫。若虫有 5 龄。初孵若虫体长 1.04 mm、宽 0.50 mm，

头大，绿色；第 3 龄若虫体长 1.63 mm、宽 0.88 mm，出现翅芽，分界清晰，中胸翅芽盖于后胸翅上，后胸翅芽末端达腹部第一节中部；第 5 龄若虫体长 3.40 mm、宽 1.78 mm，体绿色，密被黑色细毛。若虫体绿色，有黑色细毛，翅芽端部黑色。

生活习性：绿盲蝽在山东每年发生 4～5 代。在山东果区，绿盲蝽主要以滞育卵在果树上越冬，杂草上也有少数越冬卵。绿盲蝽越冬卵一般 2 月上中旬即解除滞育，3 月中旬田间温度上升开始发育，4 月上中旬越冬卵发育完全并开始孵化。孵化后的绿盲蝽若虫就近爬到嫩芽嫩叶上危害，被害处形成红褐色、针尖大小的坏死点；随着叶片的生长，以坏死点为中心，形成圆形或不规则的孔洞，危害严重的叶片残缺不全、畸形、生长停滞。桃树谢花后，在花萼还未脱掉前，该虫就可危害幼果；花萼脱落后，危害加重，被害处形成坏死斑，随着果实生长，果面的坏死斑也变大，至果实生长的中后期，果面凹凸不平、畸形，果实失去经济价值。从 5 月下旬开始，出现越冬代成虫，绿盲蝽逐渐迁出果园，如果周边有棉田，则多数迁入棉田危害，如果周围没有棉田，则迁入果园周边的杂草、蔬菜、农作物及林木上继续危害繁殖。9 月中下旬，4 代或 5 代成虫迁回果园产卵越冬。

在绿盲蝽越冬卵孵化期，降雨是影响绿盲蝽越冬卵孵化的主要因素，春季每次降雨后，均有一个孵化高峰期，如果春季一直干旱，越冬卵孵化历期可长达 1 个月。

主要防治措施：在防治上，以越冬代的防控为主，通过各种措施减少越冬虫源，重点防治越冬代若虫。

① 农业防治。结合冬季清园，铲除杂草，刮掉树皮，消灭绿盲蝽越冬卵。

② 化学防治。4 月下旬至 5 月上旬是药剂防治关键期，其间每次降雨都会带来绿盲蝽的孵化高峰，降雨后应及时喷药防治。药剂可选择 22％氟啶虫胺腈悬浮剂 3 000 倍液、10％氟啶虫酰胺可湿性粉剂 1 500 倍液、40％啶虫脒水分散粒剂 6 000 倍液、25％吡蚜酮可湿性粉剂 2 000 倍液等。

（9）桑白蚧

分布与危害：桑白蚧属同翅目盾蚧科，又名桑盾蚧、桑白盾蚧、桃白蚧、黄点介壳虫等。该虫在世界范围分布广泛，国内各个桃产区均有发生。桑白蚧寄主广泛，目前发现其寄主种类有55科120个属，主要危害桃、杏、李以及桑，其次危害苹果、梨、梅、樱桃、葡萄、柿、核桃等果树以及多种林木。若虫和雌成虫群集在枝条上刺吸汁液，被害枝条被虫体覆盖呈灰白色，被害枝条生长不良，树势衰弱，严重者死亡。虫口密度大时，还可危害果实，被害果商品价值降低。

形态特征：

① 成虫。成虫雌雄异型。雌虫无翅；雌成虫的介壳近圆形，直径约2.5 mm，灰白色至黄褐色，背面有螺旋形纹，中间略隆起，壳点黄褐色、偏向一方、始终在介壳下。雄成虫体长0.7 mm，有1对翅，翅展1.8 mm，体色橙色至橘红色，体细长，中胸部分最宽。

② 卵。卵椭圆形，长约0.3 mm，初期为粉红色，渐变为黄褐色，孵化前变为橘红色。

③ 若虫。初孵若虫淡黄褐色，扁椭圆形，长约0.3 mm，能爬行，第2龄以后眼、触角、足均退化。

④ 蛹。橙黄色，长椭圆形，长0.6～0.7 mm。仅雄虫有蛹。

生活习性：桑白蚧在山东每年发生2代，以受精雌成虫在二年生以上的枝条上群集越冬。在桃树萌芽时，越冬成虫开始吸食汁液，虫体随之膨大，产卵于介壳下，产卵结束后雌成虫随之死亡。4月下旬开始产卵，5月上旬为产卵盛期，每头雌虫产卵250～300粒。卵于5月上旬开始孵化，孵化盛期在5月中下旬。初孵若虫在树干及叶、果上爬行，第2龄以后足退化，固定在枝条上，分泌绵毛状蜡丝，逐渐形成介壳。从6月中下旬开始羽化为第一代成虫，羽化盛期在7月上中旬，雄成虫羽化后出壳，寿命很短，交尾后不久即死亡；雌成虫产卵于介壳下。第二代若虫发生在8月上旬，若虫期30～40 d。第二代若虫偶尔危害果实，使果面产生小红点，降低桃果品质。9月出现雄成虫，雌雄交尾后，雄虫死亡，雌虫继续危害至9月下旬。此后停止取食，开始越冬。

主要防治措施：

① 农业防治。在果树休眠期，结合果树冬剪，剪除虫体较多的辅养枝，并用硬毛刷或钢丝刷刷掉越冬雌虫。

② 生物防治。桑白蚧天敌众多，达30多种，主要有红点唇瓢虫、李斑唇瓢虫、日本方头甲、软蚧蚜小峰等。果园生草及果树生长期尽量不喷广谱性杀虫剂，是保护天敌的有效措施。

③ 化学防治。花芽萌动期用5波美度的石硫合剂涂刷枝条或喷雾，或用99％矿物油乳剂50～80倍液喷雾，能有效地消灭雌成虫。在若虫孵化盛期，可选用下列药剂喷雾：22.4％螺虫乙酯悬浮剂3 000～4 000倍液、25％噻嗪酮可湿性粉剂1 000倍液、25％噻虫嗪水分散粒剂3 000倍液。

（10）桃红颈天牛

分布与危害：红颈天牛属鞘翅目天牛科。该虫在国内分布广泛，在国外分布于朝鲜、俄罗斯等。红颈天牛食性较杂，是危害桃、杏、樱桃、李等核果类果树的主要蛀干害虫。幼虫蛀入果树皮层和木质部危害，向下蛀成弯曲的隧道，隔一定距离向外蛀一排粪孔，由此排出粪便和木屑堆积于地面或枝干上，造成树干中空、树势衰弱，甚至枯死。

形态特征：

① 成虫。成虫体长28～37 mm，黑色，有光泽，前胸背板棕红色，背面有4个光滑疣突，具角状侧枝刺。

② 卵。椭圆形，长约1.5 mm，乳白色或淡绿色。

③ 幼虫。初龄幼虫乳白色，近老熟时略带黄色。老熟幼虫体长45 mm左右，前胸背板横长方形，体上有纵皱纹。

④ 蛹。长约35 mm，初为乳白色，逐渐变为黄褐色，羽化前为黑褐色。前胸两侧各有一刺突，前胸背板有两排刺毛。

生活习性：桃红颈天牛一生经过4个虫态，即成虫、卵、幼虫和蛹，2～3年发生1代，以幼虫在蛀道内越冬。春季树液流动后，越冬幼虫开始活动危害，4～6 月分泌黏性物质粘结粪便、木屑，在木质部的蛀道内结茧化蛹，6～7 月出现成虫。成虫羽化后先在蛹室中停留 3～5 d 后出树，一般雨后出树较为集中。成虫多在树干上栖息，白天活动，中午前后活动最盛，产卵于主干、主枝树皮缝隙中，以近地面 35 cm 范围内居多，每头雌虫产卵 40～50 粒。幼虫孵化后先在树皮下蛀食，随虫体增大逐渐蛀入皮下韧皮部与木质部之间危害。虫体长到 30 mm 以后蛀入木质部，由上向下蛀食成弯曲虫道，隔一定距离向外咬蛀一通气排粪孔，并排出红褐色锯屑状粪便，有的可蛀到主根分杈处，深达 35 cm 左右。幼虫期23～35 个月，经过 2～3 个冬季才老熟。

主要防治措施：

① 农业防治。在 6～7 月成虫发生期，组织人员捕杀成虫。在幼虫发生期，经常检查树干，发现排粪孔后用铁丝钩杀幼虫或者用注射器由排粪口注入80％敌敌畏乳油 10～20 倍液，封闭孔口。

② 物理防治。糖醋液诱杀，红颈天牛对糖醋有趋性，果园周围悬挂混加敌百虫的糖醋液诱盆，诱杀成虫。树干涂白，利用红颈天牛惧怕白色的习性，在成虫发生前对桃树主干和主枝进行涂白，避免其产卵。涂白剂可用生石灰、硫黄、食盐、植物油、水按10：1：0.2：0.2：40 的比例进行配制。

(11) 黄刺蛾

分布与危害：黄刺蛾属鳞翅目刺蛾科，又名痒辣子、刺儿老虎、毛毛虫。该虫在国内除甘肃、青海及新疆、西藏、宁夏外，其他省份均有分布。以幼虫危害桃、梨、枣、核桃、柿、苹果以及杨树等 90 多种植物，低龄幼虫啃食叶片的表皮和叶肉，被害叶呈网状。幼虫长大后将叶片吃成缺刻，有时仅残留叶柄，严重影响树势。其身体上的刺含有毒物质，触及人体皮肤时，会发生红肿，疼痛难忍。

形态特征：

① 成虫。雌蛾体长 15～17 mm，雄蛾体长 13～15 mm，体粗壮，鳞毛较厚；头、胸部黄色，复眼黑色，触角丝状，下唇须暗褐

色、向上弯曲；前翅黄色，自顶角分别向后缘基部 1/3 处和臀角附近分出两条棕褐色细线；后翅淡黄褐色，边缘色较深。

② 卵。卵扁椭圆形，长约 1.5 mm，初产时黄白色，后变为黑褐色。

③ 幼虫。幼虫老熟时体长约 25 mm，头小、淡褐色，胸部肥大、黄绿色，体背面自前至后有一大型前后宽、中间窄的紫褐色斑，低龄幼虫的斑纹为蓝绿色，各体节有 4 个枝刺，腹部第一节的枝刺最大，胸足极小，腹足退化。

④ 蛹。椭圆形，长 13～15 mm，淡黄褐色；茧呈椭圆球形，灰白色，表面光滑，有几条长短不等、或宽或窄的纵纹，外形极似鸟蛋。

生活习性：黄刺蛾一生经过成虫、卵、幼虫和蛹 4 个阶段，在山东每年发生 1～2 代，以老熟幼虫在树上结茧越冬。幼虫在 5 月上旬开始化蛹，5 月下旬至 6 月上旬出现成虫。成虫发生盛期在 6 月中旬，产卵于叶片上，卵期平均 7 d。第一代幼虫发生期在 6 月中下旬至 7 月上中旬。老熟幼虫于枝条上结茧化蛹，一般情况下每处结茧 1 个，虫口密度大时，每处结茧 2 个以上。7 月下旬始见第一代成虫。第二代幼虫在 8 月上中旬危害最重，8 月下旬开始陆续结茧越冬。成虫昼伏夜出，有趋光性。羽化后不久即交尾、产卵，卵多产于叶背，排列成块，偶有单产。初孵幼虫有群集性，多聚集在叶背啃食叶肉，稍大后逐渐分散取食。幼虫长大后，食量大增，常将叶片吃光。

主要防治措施：

① 农业防治。秋季落叶后到春季发芽前，结合冬剪，清除越冬虫茧，在发生量大的果园，还应在周围的防护林上清除虫茧。黄刺蛾第 1～2 龄幼虫有群居的特点，一般都集中在叶片的背面危害，夏季结合果树管理，人工捕杀幼虫。

② 生物防治。生物防治重在保护和利用黄刺蛾的天敌，主要天敌有刺蛾广肩小蜂、爪哇刺蛾姬蜂、刺蛾紫姬蜂、健壮刺蛾寄蝇等，果园提倡采用生草栽培，尽量少用广谱性杀虫剂。

③ 化学防治。防治的关键时期是幼虫发生初期。可选择下列药剂喷雾：25%灭幼脲悬浮剂 1 000 倍液、200 g/L 氯虫苯甲酰胺悬浮剂 8 000 倍液、2%甲氨基阿维菌素苯甲酸盐微乳剂 3 000 倍液、5%除虫脲乳油 1 500 倍液、5%杀铃脲乳油 1 000 倍液、8 000 IU/μL 苏云金杆菌 200 倍液、24%甲氧虫酰肼悬浮剂 3 000 倍液等。

(12) 蜗牛

分布与危害：蜗牛属软体动物门腹足纲柄眼目蜗牛科，是陆地上最常见的软体动物之一，几乎遍布全世界，在国内分布也极为广泛。蜗牛种类繁多，果园中主要以同型巴蜗牛、灰巴蜗牛为主。蜗牛均为杂食性动物，以取食绿色植物为主，可取食果树的叶片、果实。叶片被害后残留表皮或密布小洞；果实被害，在果面形成缺刻，影响果品商品价值。

形态特征：蜗牛是牙齿最多的动物，拥有数万颗牙齿，里面有一条锯齿状的舌头，即齿舌。蜗牛有甲壳，形状像小螺，头有四个触角，走动时头伸出，受惊时则头尾一起缩进甲壳中。蜗牛的整个躯体包括眼、口、足、壳、触角等部分。

生活习性：蜗牛以成螺、幼螺在草堆、枯枝落叶、表土缝隙、瓦砾堆下休眠越冬。翌年气温回升到 10 ℃以上时开始活动，取食危害，在夏季干旱季节，当气温超过 35 ℃时便隐蔽起来，不食不动，壳口有白膜封闭。多雨时期危害严重，11 月下旬当气温下降至 10 ℃以下时进入越冬状态。秋季产卵型均以幼螺越冬，春季继续生长，秋季成螺交尾产卵。

主要防治措施：

① 农业防治。院内放养鸡鸭，在蜗牛未上树危害之前，放养的鸡鸭可将蜗牛取食，特别在阴雨天或晴天的早上和夜晚，鸡鸭能将土缝中和树干上的蜗牛吃掉。为阻止蜗牛上树，可用光滑的软塑料板制成"蜗牛伞"安装在树干上，可阻止蜗牛上树危害。

② 药剂防治。生石灰防治，晴天的傍晚在树盘下撒施生石灰，蜗牛晚上出来活动因接触石灰而死。碳酸氢铵防治，在蜗牛活动期，特别是 5～6 月和 9～10 月蜗牛取食、产卵高峰期，趁雨后阴

天或者小雨间隙蜗牛爬行的关键时期，于傍晚和清晨连续喷洒碳酸氢铵 20～50 倍液 2 次，喷布部位以地面、草丛、树干、大枝等蜗牛爬行区域为主，蜗牛接触到碳酸氢铵溶液后，失水皱缩而死。用 6％四聚乙醛颗粒剂，在雨后傍晚或日落到天黑前，在桃树根际周围撒施，诱杀蜗牛，用药量为 7.5 kg/hm²。

（13）草履蚧

分布与危害：草履蚧属同翅目绵蚧科，又名日本履绵蚧、桑虱。该虫在我国分布广泛，除危害桃、苹果、杏、李、枣、樱桃等果树外，还危害刺槐、白蜡、法桐等绿化树。树体受害后，树势衰弱、枝梢枯萎、发芽迟缓、叶片早落，甚至枝条或整株枯死。

形态特征：

① 成虫。雌成虫虫体呈长椭圆形，似草鞋状，体长 10 mm，背面稍隆起多皱，黄褐色至淡灰紫色，体边缘及腹面橘黄色，体表附有一层薄蜡粉。触角、口器和足均为黑色。雄成虫体长 5～6 mm，虫体紫红色，头胸淡黑色，前翅紫黑色，触角黑色、丝状。

② 卵。长约 1 mm，扁圆形，初产时黄白色，后变为黄褐色，有白色絮状蜡丝包裹，产于白色绵状卵囊内。

③ 若虫。体形较成虫小，颜色较深，初孵化出土时黑褐色，腹面色淡；触角棕灰色，唯第 3 节淡黄色。

生活习性：草履蚧在山东地区每年发生 1 代，以卵在寄主树盘土缝中或 10～15 cm 深的土中越冬，翌年 2 月上旬气温在 0 ℃以上时开始孵化，孵出的若虫滞留在卵囊内待寄主萌芽后伺机出土，出土后，先群集于根部吸食汁液，或隐蔽于树干基部皮缝内、地面枯草、落叶或背风处待晴天中午前后集中上树。若虫沿树干先爬至寄主幼芽、嫩梢、嫩叶等处吸食汁液危害，再转移至大枝或树皮缝内危害，随气温升高，4 月中下旬进入危害盛期。若虫经 2 次蜕皮后，雌雄分化，雄若虫刺入枝条固定危害后不再取食，老熟后下树藏匿于寄主翘皮下、土缝或杂草等处吐丝化蛹，蛹期约 10 d，雄成虫于 4 月底 5 月上旬蜕皮羽化，有趋光性，傍晚飞翔活动，寻觅雌成虫交尾，寿命 3 d 左右。雌若虫沿枝条移动危害，4 月下旬至 5

月上旬第 3 次脱皮后变为雌成虫，在枝干上与雄成虫交尾，5 月中旬为交尾盛期。交尾后，雌成虫危害至 5 月下旬，然后下树在树干基部周围 6～10 cm 深的土层、土缝中分泌白色絮状卵囊，并在其中产卵，产卵结束后不久干瘪死亡。

主要防治措施：防治草履蚧主要以农业、生物和物理方法为主，尽量不喷施农药。

① 果园养鸡。鸡是草履蚧若虫、成虫的高效捕食天敌。在草履蚧上树之前，将鸡散养于果园中，可有效控制草履蚧的发生。

② 防止若虫上树。在草履蚧上树之前，在地面以上 30 cm 处的树干涂抹粘虫胶，或在树干上绑束光滑的塑料膜，阻止草履蚧上树；也可用软塑料板，在树干缠绑倒漏斗状塑料裙（内部绕树扎紧，四周向外垂下），阻止草履蚧若虫上树。

③ 保护利用天敌。草履蚧的天敌种类较多，主要的捕食性天敌有红环瓢虫和暗红瓢虫，实行果园生草、不喷广谱性杀虫剂，秋季在树干基部绑草把保护瓢虫，注意保护天敌。

(14) 小绿叶蝉

分布与危害：小绿叶蝉属同翅目叶蝉科，是果树的主要害虫之中，在国内广泛分布。该虫除了危害果树以外，还危害小麦、玉米、大豆、花生及薯类、十字花科蔬菜等多种作物。成虫和若虫刺吸果树叶片汁液，喜群集于叶背危害。被害叶片初期叶面出现黄白色斑点，严重时斑点连片，叶片苍白，提早脱落。

形态特征：

① 成虫。成虫体长 3.5 mm 左右，淡绿色至绿色。前翅近于透明，略带黄绿色。后翅膜质、透明。后足为跳跃足。

② 卵。卵乳白色，长椭圆形，略弯曲，长约 0.6 mm。

③ 若虫。若虫体长约 2.8 mm，与成虫相似，具翅芽。

生活习性：小绿叶蝉一生经过 3 个虫态，即成虫、卵和若虫。每年发生 4～6 代，以成虫在落叶、树皮缝、枯草及低矮的绿色植物上越冬。在果树发芽后成虫开始出蛰，飞到树上刺吸芽、叶汁液，取食一段时间后交尾产卵，散产于新梢或叶片主脉内。夏季完成一个世代需 40～50 d。成虫、若虫白天活动，喜栖息在叶片上危害。在果树生长季，世代重叠现象明显。6 月种群数量开始增加，8～9 月数量最多，危害也最重。

主要防治措施：

① 生物防治。小绿叶蝉的天敌主要以捕食性蜘蛛和异色瓢虫为主，培养良好的生态环境是控制小绿叶蝉的重要措施，果园生草和不喷施广谱性杀虫剂是保持果园生态的主要措施。

② 化学防治。在若虫发生期，可选择以下几种农药喷雾：25％噻嗪酮可湿性粉剂 1 500 倍液、50％噻虫嗪水分散粒剂 8 000 倍液、15％唑虫酰胺乳油 1 500 倍液、10％氟啶虫酰胺水分散粒剂 1 500 倍液、50％烯啶虫胺可溶性粒剂 2 000 倍液、30％茚虫威悬浮剂 3 000 倍液等。

（15）金龟子

分布与危害：金龟子种类繁多，在桃园发生的金龟子主要有两种，即黑玛绒金龟（东方金龟子）和苹毛丽金龟（苹毛金龟子）。这两种金龟子的食性很杂，除危害大部分果树外，还危害杨、柳、榆等树木和棉花、西瓜等作物，在河滩地、山荒地果园发生较重。这两种金龟子以成虫危害果树花芽、花蕾、幼叶，危害轻时可将叶片吃成缺刻状，重的可将全株叶片、花芽吃光。

形态特征：黑玛绒金龟成虫近卵圆形，体长 6～9 mm，黑褐色或棕褐色，有丝绒光泽。苹毛丽金龟成虫卵圆形，体长 9～12 mm，头、胸部褐色或黑褐色，常有紫色或青铜色光泽，鞘翅茶色或黄褐色、半透明，可透视后翅折叠成 V 形。金龟子的幼虫称为蛴螬，生活在地下，取食植物的根系。两种金龟子均为每年发生 1 代，以幼虫在土中越冬，春季化蛹。在果树发芽后，成虫羽化出土，危害果树花芽、花蕾或嫩叶。成虫飞翔力强，有趋光性和假死性，振动树枝即落地假死不动。成虫活动与温度有关，早、晚气温低时栖息于树上不大活动，中午气温升高后活动最烈。一般气温在 10 ℃左右时，白天上树危害，夜间潜入土中；气温升至 20 ℃以上时，成虫则昼夜在树上，不再下树。交配后的成虫下树潜入土中产卵。

主要防治措施：防治这两种金龟子应采取综合方法。利用成虫有雨后出土的习性，在成虫出土期，降雨后在树冠下喷50％辛硫磷乳油300倍液或48％毒死蜱乳油600倍液；利用成虫的假死性和趋光性，在成虫盛发期组织人力捕杀或在果园安装黑光灯诱杀。在成虫盛发期，在果园内设置糖醋液诱杀罐诱杀，取红糖5份、食醋20份、水80份配成糖醋液，装入空罐头瓶内，每公顷悬挂75～80个糖醋罐。在成虫发生盛期，往树上喷布90％晶体敌百虫800倍液或48％毒死蜱乳油1 500倍液。

（16）二斑叶螨

分布与危害：二斑叶螨属蜱螨亚纲真螨目叶螨科，又叫白蜘蛛。20世纪80年代前，除台湾外，我国未发现有二斑叶螨的发生，之后各地逐渐传入，目前在我国大部分落叶果树栽培区几乎都有分布，主要分布于山东、河北、辽宁、陕西、甘肃、江苏、安徽、台湾以及北京等地。二斑叶螨是世界性害螨，寄主包括果树、蔬菜、棉花、林木、花卉、杂草等类的1 100多种植物。二斑叶螨以成螨和若螨危害植物叶片。被害叶片初期仅在中脉附近出现失绿斑点，之后逐渐扩大，出现大面积的失绿斑；虫口密度大时，叶螨可吐丝拉网，成螨将卵产于丝网上，受害严重的叶片枯黄并提前脱落。

形态特征：

① 成螨。雌成螨椭圆形，长约0.5 mm，灰绿色或黄绿色，体背两侧各有1个褐色斑块。雄成螨身体呈菱形，长约0.3 mm，黄绿色或淡黄色。

② 卵。卵圆球形，直径约0.1 mm，初期为白色，后逐渐变为淡黄色，有光泽。

③ 幼螨。3对足，半球形，黄白色，复眼红色，体背无斑或斑不明显。

④ 若螨。4对足，椭圆形，黄绿色，体背显现2个褐斑。

生活习性：二斑叶螨每年发生10余代。以雌成螨在树干翘皮下、粗皮缝隙、杂草、落叶及土缝内越冬。越冬型雌成螨为橙黄色，褐斑消失。在果树萌芽期，越冬雌成螨开始出蛰，先在花芽上取食危害，后转移到叶片上刺吸汁液，产卵于叶片背面。6月以前，在树冠内膛危害和繁殖。在树下越冬的雌成螨出蛰后先在杂草或果树根蘖上危害繁殖，从6月开始，逐渐向树上转移。到7月，害螨逐渐向树冠外围扩散，繁殖速度加快。在螨口密度大时，成螨可大量吐丝，并借此进行传播。由于害螨在夏季高温季节繁殖速度快，经常出现世代重叠现象，故在夏季能看到各个虫态。到8月下旬，害螨的天敌增多，对其有一定影响。到10月，雌成螨开始越冬。

主要防治措施：

① 农业防治。8月下旬树干绑草把或束诱虫带，于翌年3月上旬，将草把、诱虫带及桃树根基部周围20 cm范围内的杂草收集并销毁，可降低二斑叶螨的越冬基数。

② 生物防治。二斑叶螨的天敌主要有食螨瓢虫、捕食螨等。生长季节喷药时，注意选用对天敌杀伤力小的药剂；另外，果园生草可增加天敌的数量和种类。

③ 药剂防治。在害螨发生期，选择以下农药喷雾防治：10%唑螨酯悬浮剂4 000倍液，240 g/L螺螨酯悬浮剂5 000倍液，5%噻螨酮乳油1 500倍液，30%三唑锡悬浮剂2 000倍液，73%炔螨特乳油2 000倍液，50%苯丁锡可湿性粉剂2 000倍液，1.8%阿维菌素2 000倍液，10%虫螨腈乳油3 000倍液，43%联苯肼酯3 000倍液等。

（17）山楂叶螨

分布与危害：山楂叶螨属蜱螨亚纲真螨目叶螨科，又称为山楂红蜘蛛。该虫在国内落叶果树产区均有分布，在国外主要分布于俄罗斯、日本、朝鲜、英国、德国、保加利亚、澳大利亚、葡萄牙等国。主要寄主有桃、梨、苹果、山楂、李、杏、沙果、海棠、樱桃等，是危害果树的一种重要害螨，群集在叶片背面叶脉两侧拉丝结网，在网下刺吸叶片汁液，被害叶片出现失绿斑点，甚至枯焦，乃至脱落。

形态特征：

① 成螨。冬型雌成螨鲜红色，椭圆形，长约0.5 mm，体背前

端稍隆起。夏型雌成螨初期为红色，后逐渐变为深红色。雄成螨较雌螨体型更小，末端尖削，为浅绿色，体背两侧各有一个大黑斑。

② 卵。圆球形，橙红色；后期产的卵颜色浅淡，为橙黄色或黄白色。

③ 幼螨。3 对足，虫体圆形，黄白色，取食后呈浅绿色。

④ 若螨。4 对足，体背开始出现刚毛，两侧有明显的墨绿色斑纹，体型与成螨相似。

生活习性：山楂叶螨在山东每年发生 6～10 代，以受精雌成螨在果树主干、主枝翘皮下或缝隙内越冬。在果树萌芽期，越冬雌成螨开始出蛰，爬到花芽上取食危害。果树落花后，成螨在叶片背面危害，并产卵繁殖。第一代发生期比较整齐，以后各代出现世代重叠现象。6～7 月高温干旱季节适于叶螨发生，为全年危害高峰期。进入 8 月份，雨量增多，湿度增大，加上害螨天敌的影响，害螨数量有所下降，危害随之减轻。一般在 8 月下旬至 9 月上旬就有越冬型雌成螨发生，到 10 月份，几乎全部进入越冬场所越冬。

主要防治措施：防治山楂叶螨应采取综合防治方法。8 月下旬树干绑草把或束诱虫带，翌年 3 月上旬，将草把、诱虫带收集并销毁，可降低山楂叶螨的越冬基数。冬季结合果树修剪，刮除树干上的老翘皮，能消灭在此处越冬的雌成螨。果园内害螨的天敌很多，生草栽培可增加天敌数量，喷施农药时尽量选择对天敌杀伤力小的农药品种。化学防治的关键时期在果树萌芽期和第一代若螨发生期（果树落花后），常用药剂同二斑叶螨。

(18) 桃下毛瘿螨

分布与危害：桃下毛瘿螨属蜱螨亚纲真螨目瘿螨科下毛瘿螨属。国内对该螨的研究较少，目前仅在河北、山东以及北京等地发现其危害。桃下毛瘿螨主要危害桃芽，在芽鳞片内侧危害，幼芽被害后肿大，畸形扭曲，芽尖鳞片张裂枯死；桃芽发育后期受害，外观与正常无区别，但被害芽第 2 年不萌发长叶，变褐枯死。

形态特征：桃下毛瘿螨是微型螨，在芽内危害，一般很难被发现。在解剖镜下看不见此螨，在高倍显微镜下才可以见到。

① 成螨。体长 170～180 μm，胸阔 37～40 μm，喙长 10 μm，喙尖有两个凸起的眼泡，喙侧有 2 对向前伸的足，足长 23 μm，跗节 4 节，足尖有 2 根长毛，背、腹环数近 78 个，臀栉 4 根，胸栉 2 根。

② 卵。卵为圆形，直径 30 μm。

生活习性：桃下毛瘿螨在桃芽内越冬，翌年新的桃芽形成期至花芽分化初期，即 5 月下旬至 7 月下旬，该螨从越冬桃芽内转移到新桃芽内危害，转芽盛期在 6 月上中旬，第二次转芽在 8 月中旬至 10 月。每头雌成螨平均日产卵 1～2 粒，寿命约 30 d。卵期 4～5 d，若螨经 2 次脱皮变为成螨。该螨在田间每代历期为 15～20 d。该螨除转芽期外，从不离开桃芽的幼嫩组织。

主要防治措施：

① 农业防治。春季 5 月间摘除枯死的越冬螨芽，减少虫源。

② 药剂防治。在成螨转芽扩散期喷药防治，对保护当年新桃芽、控制危害效果明显。药剂可选择 22.4% 螺虫乙酯悬浮剂 3 000 倍液、5% 阿维菌素乳油 4 000 倍液等。

（四）果园农药应用基本知识

1. 农药及其分类

农药是指用于预防或防治危害农林作物及其产品的害虫、害螨、病菌、杂草、线虫、鼠类等有害生物或者调节植物生长的一类物质。这些物质可以是化学合成的，也可以来源于生物和其他天然产物。农药既应用于农业生产，又在林业、畜牧业、渔业、卫生防疫、城市环境保护等方面扮演着重要角色。

农药必须经过加工制成特定的剂型才能在生产中施用。农户使用的商品农药都是由工厂经过加工而成的。农药的加工剂型有许多种，果树上常用的剂型有可湿性粉剂（英文缩写 WP）、乳油（英文缩写 EC）、悬浮剂（英文缩写 SC）、水分散粒剂（英文缩写 WG）、水剂（英文缩写 AS）、水乳剂（英文缩写 EW）、微乳剂（英文缩写 ME）、悬乳剂（英文缩写 SE）和颗粒剂（英文缩写

GR）。例如多菌灵、代森锰锌、甲基硫菌灵、甲霜灵等大多是可湿性粉剂，马拉硫磷、辛硫磷、氰戊菊酯、氯氰菊酯、哒螨灵等多为乳油，灭幼脲、氟啶虫胺腈等多为悬浮剂。

农药的分类方式多种多样，按用途可分为杀虫剂、杀螨剂、杀菌剂、杀线虫剂、杀软体动物剂、杀鼠剂、除草剂、植物生长调节剂等；按原料来源分为矿物源农药（无机农药）、生物源农药（植物源、动物源、微生物源）和化学合成农药。按照对有害生物的作用方式，又将杀虫剂分为触杀剂、胃毒剂、内吸剂、熏蒸剂、引诱剂、驱避剂、拒食剂、不育剂、生长调节剂等；将杀菌剂分为保护剂、内吸剂；将除草剂分为触杀剂、内吸剂或灭生性和选择性除草剂。

为了便于读者了解农药的性能和掌握农药的使用方法，现根据农药的用途进行介绍。

（1）杀虫剂　杀虫剂是指用于防治危害各种植物、贮藏物、畜牧业以及影响环境卫生等的害虫的一类农药。这类农药包括无机杀虫剂、有机合成杀虫剂、植物杀虫剂、微生物杀虫剂、昆虫激素类杀虫剂等。

（2）杀螨剂　杀螨剂是指用于防治危害各种植物、贮藏物、畜牧业等的蛛形纲中的有害生物的一类农药。这类农药大多数是经过化学合成或工业发酵而制成的产品。大多数杀螨剂只有杀螨作用，部分种类兼有杀虫作用；而大多数杀虫剂对害螨无效，仅有少数种类兼有杀螨作用。在杀螨剂中，有的品种对活动态螨（成螨和幼螨、若螨）活性高，对卵活性差，甚至无效；有的品种对卵活性高，对活动态螨效果差；有部分种类既可杀死活动态螨，也能杀死卵。

（3）杀菌剂　杀菌剂是指在一定的用量范围内能够抑制或杀死引起植物病害的病原微生物的一类物质。这些物质可以是化学合成的，也可以是微生物或其代谢产物经工业加工制成的。

（4）除草剂　除草剂是指在一定的浓度范围内能够杀死或抑制杂草生长的一类化学物质。桃园提倡行内覆盖、行间生草，不提倡使用除草剂。

（5）植物生长调节剂 植物生长调节剂是人工合成的具有与植物激素类似效应的一类化学物质。喷施植物生长调节剂以后，可以使植物的生长、开花、结果等朝着人们期望的方向发展。植物生长调节剂的用量不能过大或过小，否则会导致果树生长畸形或无效。在过去很长一段时间，多效唑、PBO 等生长抑制剂在桃园广泛使用，但其表现的负作用越来越明显，常造成果实品质下降、树体流胶、树体早衰等现象。因此，不提倡在桃树上使用多效唑、PBO 等生长调节剂。

2. 农药的使用原则

在防治桃树病虫害时，根据病虫害的发生规律和特点，采取综合防治，尽量少用农药，在必须施用化学农药时应遵循以下原则：选择高效、低毒、低残留并对对环境相对友好的化学农药，禁止施用艾氏剂、苯线磷、除草醚、滴滴涕、敌枯双、狄氏剂、地虫硫磷、毒杀芬、毒鼠硅、毒鼠强、对硫磷、二溴氯丙烷、二溴乙烷、氟乙酸钠、氟乙酰胺、甘氟、汞制剂、甲胺磷、甲拌磷、甲基对硫磷、甲基硫环磷、甲基异柳磷、久效磷、克百威、磷胺、硫环磷、六六六、氯唑磷、灭线磷、内吸磷、铅类、杀虫脒、砷类、特丁硫磷、涕灭威、蝇毒磷、治螟磷、八氯二丙醚、氟虫腈、水胺硫磷、磷化钙、磷化镁、磷化锌、硫线磷、蝇毒磷、治螟磷、百草枯水剂、福美肿、福美甲肿、三氯杀螨醇、乐果、丁硫克百威、乙酰甲胺磷等国家规定禁止使用的高毒和剧毒农药；严格按照农药使用说明书推荐的用量和施药次数用药，不得随意加大剂量；农药混合施用时，酸性农药不能与碱性农药混用，农药混合后，应具有增效作用，而不是减效，农药混合后防治谱有所增加；严格遵守农药施用安全间隔期，在果实采收前一定时期内不使用任何化学农药。

（1）根据防治对象选择农药 在果树生长季，经常有多种病虫害同时发生，但严重影响果树正常生长和结果的种类并不多。在果树生长的某一个阶段，仅有部分病虫害是主要种类，需要防治，其他种类在防治主要病虫害时可以兼治。在需要防治的种类中，可能是病害，也可能是虫害或螨害。因此，在喷药以前，首先要确定以哪一种病虫害为主要防治对象，然后根据农药特性选择农药，否则，在使用时出现错误，轻者无效并造成浪费，重者出现药害并劳民伤财。

（2）根据病虫害发生规律选择农药 各种病虫害在不同地区都有其特有的发生规律，根据病虫害的发生规律选择农药品种，在防治上可以做到有的放矢。例如，多种病害在发病以前都有一个初侵染期，如果在这个时期喷药，就要选择具有保护作用的杀菌剂。当病菌一旦侵入寄主以后，用保护性杀菌剂防治就无效或者效果甚微，而必须用内吸性杀菌。有些病害具有侵染时期长和潜伏侵染的特性，在防治时既要考虑防治已经侵入寄主的病菌，又要考虑防止新病菌的侵染，因此，需要选择既有治疗作用又有保护作用的杀菌剂。

（3）根据病虫害的生物学特性选择农药 各种病虫害都有其自身的生物学特性，有的病虫仅危害叶片，有的病虫仅危害果实，有的病虫既危害叶片也危害果实；有的害虫营钻蛀性生活，一生中仅有部分发育阶段暴露在外面等。了解病虫害的这些特性，有助于进行农药品种的选择，例如，防治危害叶片的咀嚼式口器害虫（如各种毛虫），要选择胃毒剂或触杀剂；防治刺吸式口器害虫如蚜虫、叶蝉、介壳虫等，要选择内吸性强的杀虫剂；防治蛀干害虫，要将具有熏蒸作用的杀虫剂施药于蛀道内。

（4）根据农药的特性选择农药 各种农药都有一定的适用作物、适用范围和适用时期，并非在任何果树上的各个时期施用都能获得同样的防治效果。如有些农药品种对气温的反应比较敏感，在气温较低的情况下效果不好，而在气温高时药效才能充分发挥出来；又如噻螨酮，对害螨的卵防治效果很好，而对活动态螨防治效果很差；灭幼脲等昆虫生长调节剂类杀虫剂，只有在低龄幼虫期使用，才能表现出良好的防治效果。另外，不同果树或果树的不同品种对药剂的敏感性也有差异。在选择农药时，除了要认真阅读农药标签和使用说明书以外，对初次在果树上使用的农药，应该在小范围内做药害试验，以免出现药害，造成损失。

3. 桃园常用农药品种简介

（1）杀虫剂和杀螨剂

① 吡虫啉。内吸性杀虫剂，对刺吸式口器的蚜虫、叶蝉、介壳虫、蜡类有效。由于该药使用时间长，在多数地区蚜虫对其已产生很强的抗药性。

② 啶虫脒。内吸性杀虫剂，杀虫谱广，具有触杀和胃毒作用，在植物体表渗透性强。可防治桃树各种蚜虫、椿象、介壳虫、叶蝉及鳞翅目害虫。啶虫脒是感温性杀虫剂，在早春温度低时使用效果不好，气温超过 20 ℃后杀虫效果良好。

③ 螺虫乙酯。新型杀虫剂，具有双向内吸传导性，可以在植物体内上下传导，杀虫谱广、持效期长。该药剂在桃树上可有效防治各种刺吸式口器害虫，如蚜虫、叶蝉、介壳虫、绿盲蝽等，也可兼治害螨，对瓢虫、食蚜蝇和寄生蜂比较安全。

④ 氟啶虫胺腈。新型内吸性杀虫剂，广谱、高效、低毒，持效期长，可经叶、茎、根吸收而进入植物体内，具有触杀、胃毒作用。该药剂可用于防治绿盲蝽、蚜虫、介壳虫、叶蝉等刺吸式口器害虫。该药直接喷施到蜜蜂身上对蜜蜂高毒，在蜜源植物和蜂群活动频繁的区域，喷洒该药剂后需等作物表面药液彻底干透，才可以放蜂。

⑤ 氟啶虫酰胺。新型内吸性杀虫剂，广谱、高效、低毒，持效期长，可经叶、茎、根吸收而进入植物体内，具有触杀、胃毒作用。该药可用于防治蚜虫、绿盲蝽、叶蝉等刺吸式口器害虫。该药对天敌昆虫、蜜蜂安全。

⑥ 噻虫嗪。高效低毒烟碱类杀虫剂，具有内吸活性，对害虫具有胃毒、触杀作用。该药在桃树上用于防治蚜虫、叶蝉、介壳虫等害虫。

⑦ 烯啶虫胺。高效低毒烟碱类杀虫剂，具有内吸活性，对害虫具有胃毒、触杀作用，残效期较长。该药在桃树上用于防治蚜

虫、绿盲蝽、叶蝉、介壳虫等害虫。

⑧ 吡蚜酮。吡啶杂环类杀虫剂，具有高效、低毒、高选择性的特点。该药在桃树上用于防治蚜虫、绿盲蝽、叶蝉、介壳虫等害虫。但有报道称该药剂的降解产物对地下水有污染，欧洲联盟已停止使用。

⑨ 灭幼脲。杀虫剂，具有胃毒、触杀作用，无内吸性，能抑制害虫体壁组织内几丁质的合成，使幼虫不能正常蜕皮而死，杀虫速度比较缓慢。该药主要用于防治鳞翅目的潜叶蛾、黄刺蛾、扁刺蛾、苹掌舟蛾等害虫，应在幼虫低龄期使用。

⑩ 杀铃脲。杀虫剂，以胃毒作用为主，具有一定触杀作用，无内吸性，能抑制害虫体壁组织内几丁质的合成，阻碍幼虫蜕皮时外骨骼的形成。幼虫的不同龄期对药剂的敏感性差异不大，可在幼虫所有龄期使用。杀虫速度比较缓慢，有杀卵活性。该药主要用于防治鳞翅目的潜叶蛾、黄刺蛾、扁刺蛾、苹掌舟蛾、卷叶蛾等害虫。

⑪ 除虫脲。杀虫剂，具有胃毒、触杀作用，无内吸性，能抑制害虫体壁组织内几丁质的合成，使昆虫不能正常蜕皮而死，具有杀卵作用。杀虫速度比较缓慢，持效期长。该药主要用于防治鳞翅目的潜叶蛾、黄刺蛾、扁刺蛾、苹掌舟蛾、卷叶蛾、食心虫等害虫。

⑫ 氟铃脲。杀虫剂，具有胃毒、触杀作用，无内吸性，其作用机理是抑制害虫体壁组织内几丁质形成，阻碍害虫正常蜕皮和变态，也能减缓害虫进食速度，还具有杀卵活性，杀虫谱较广。该药可防治果树上的鞘翅目、鳞翅目、双翅目、半翅目害虫，在桃树上主要用于防治潜叶蛾、黄刺蛾、扁刺蛾、苹掌舟蛾、卷叶蛾、食心虫等害虫。

⑬ 甲氧虫酰肼。高效、低毒杀虫剂，属昆虫生长调节剂，通过模拟蜕皮激素作用，使昆虫提早蜕皮，脱水死亡。该药对鳞翅目昆虫具有高度的选择毒性，对环境和非靶标生物安全。该药在桃树上可用于防治卷叶蛾、食心虫等多种鳞翅目害虫。

⑭ 噻嗪酮。杀虫剂，具有胃毒、触杀作用，无内吸性，属昆虫蜕皮抑制剂，通过抑制壳多糖合成和干扰新陈代谢，使害虫不能正常蜕皮和变态而逐渐死亡。该药具有选择性高、长残效期的特点。该药在桃树上主要用于防治介壳虫和叶蝉。

⑮ 氯虫苯甲酰胺。杀虫剂，高效、微毒、持效期长，以胃毒作用为主，兼具触杀作用，对鳞翅目初孵幼虫有特效。该药在桃园主要用于防治潜叶蛾、卷叶蛾、食心虫、毛虫、刺蛾等害虫，对有益昆虫、鱼虾比较安全。

⑯ 阿维菌素。中等毒性的生物杀虫、杀螨剂，具有触杀和胃毒作用，无内吸作用，但在叶片上有很强的渗透性，可杀死叶片表皮下的害虫。不杀卵，对害虫的幼虫、害螨的成螨和幼若螨均有效。该药可用于防治桃树害螨、潜叶蛾、食心虫等。该药对天敌有较强的杀伤作用，不建议在桃树生长前期使用。

⑰ 甲氨基阿维菌素苯甲酸盐。生物杀虫剂，是从发酵产品阿维菌素 B_1 开始合成的抗生素类杀虫剂。高效、低毒、低残留，杀虫谱广，可广泛用于蔬菜、果树、棉花等农作物上的多种害虫的防治。该药在桃树上主要用于防治食心虫、卷叶蛾、潜叶蛾、黄刺蛾、扁刺蛾、苹掌舟蛾等害虫。

⑱ 多杀菌素。生物杀虫剂，是由土壤放线菌——刺糖多孢菌经有氧发酵后产生的次级代谢产物。以触杀作用为主，杀虫速度快、杀虫谱广，可防治鳞翅目、双翅目和缨翅目害虫，对多数天敌昆虫毒性低。该药在桃树上主要用于防治食心虫、卷叶蛾、潜叶蛾、黄刺蛾、扁刺蛾、苹掌舟蛾、蓟马等害虫。

⑲ 乙基多杀菌素。生物杀虫剂，与多杀菌素相比，该药具有更广的杀虫谱和更高的活性。该药对桃树上的鳞翅目幼虫、蓟马及潜叶蛾效果突出；对田间有益节肢动物影响轻微，适用于有害生物综合治理。

⑳ 苏云金杆菌。简称 Bt，微生物源低毒杀虫剂，是包括许多变种的一类产晶体的芽孢杆菌。该菌可产生两大类毒素，即内毒素（伴胞晶体）和外毒素，害虫取食后，在肠道碱性消化液作用下，

菌体释放毒素，害虫中毒并停止取食，最后害虫因饥饿和血液及神经中毒死亡。该菌用于防治直翅目、鞘翅目、双翅目、膜翅目害虫，特别是鳞翅目害虫。该药在桃树上可用于防治黄刺蛾、扁刺蛾、苹掌舟蛾、卷叶蛾等害虫。

㉑ 联苯菊酯。杀虫剂，具有触杀、胃毒作用，击倒速度快，杀虫谱广，可用于防治桃树上的叶蝉、食心虫、卷叶蛾、刺蛾、毛虫类、茶翅蝽、绿盲蝽等多种害虫。对果树比较安全，对天敌昆虫毒性大。

㉒ 高效氯氟氰菊酯。杀虫剂，具有触杀、胃毒作用，击倒速度快，杀虫谱广，可用于防治桃树上的食心虫、卷叶蛾、刺蛾、毛虫类、茶翅蝽、绿盲蝽、介壳虫等多种害虫。对果树比较安全，对天敌昆虫毒性大。

㉓ 哒螨灵。杀螨剂，具有触杀作用，对螨卵、幼螨、若螨和成螨均有效，速效性好、杀螨谱广、持效期长，可在螨害大发生期施用。该药可用于防治多种植物害螨，但二斑叶螨、山楂叶螨已对其产生了较高抗性，故该药对二者防治效果较差。

㉔ 噻螨酮。杀螨剂，具有强烈的杀卵、幼螨和若螨的活性，对成螨无效，但接触到药液的雌成虫所产的卵不能孵化，杀螨速度迟缓，杀螨谱广，持效期长。该药可用于防治桃树上的山楂叶螨、二斑叶螨。

㉕ 三唑锡。杀螨剂，具有强触杀作用，可杀灭幼若螨、成螨和夏卵，对冬卵无效。杀螨谱广、速效性好、残效期长，可有效防治桃树上的多种害螨。

㉖ 螺螨酯。杀螨剂，具有触杀作用，对幼螨和若螨效果好，直接杀死成螨的效果差，但能抑制雌成螨产卵。持效期可达40 d，但药效迟缓，药后3～7 d达到杀螨高峰。杀螨谱广，对多种害螨均有很高的防治效果。

㉗ 联苯肼酯。杀螨剂，对卵、成螨、幼螨、若螨均有效。速效性好，害螨接触药剂后很快停止取食，48～72 h内死亡。该药可用于防治桃树上的多种害螨。

㉘ 唑螨酯。高效、广谱杀螨剂。对多种害螨有强烈触杀作用，持效期长，可以杀死幼螨、若螨和成螨，但对幼螨活性最高。该药在桃树上用于防治二斑叶螨、山楂叶螨、苹果叶螨及桃下毛瘿螨等害螨。

㉙ 炔螨特。广谱性杀螨剂，具有触杀和胃毒作用，对成螨、幼若螨有效，杀卵效果差，在温度 20 ℃ 以上时药效可提高，高温下容易对幼嫩的枝梢和果实产生药害，用药时不得随意提高浓度。该药在桃树上用于防治二斑叶螨、山楂叶螨、苹果叶螨等害螨。

㉚ 苯丁锡。广谱性杀螨剂。以触杀作用为主，对幼螨和成螨、若螨效果好，对螨卵活性低，与有机磷、有机氯杀螨剂无交互抗药性。属感温型杀螨剂，气温在 22 ℃ 以上时药效增加，22 ℃ 以下时活性降低，15 ℃ 以下时药效差。施药后药效作用发挥较慢，3 d 后活性开始增强，14 d 可达高峰，残效期较长。该药在桃树上用于防治二斑叶螨、山楂叶螨、苹果叶螨及桃下毛瘿螨等害螨。

㉛ 虫螨腈。广谱性杀虫、杀螨剂。具有胃毒及触杀作用。在叶面渗透性强，有一定的内吸作用，对钻蛀、刺吸和咀嚼式害虫及螨类有优良的防效，持效长，对植物安全，但对天敌杀伤力高。

(2) 杀菌剂

① 石硫合剂。主要成分是多硫化钙，具有杀菌和渗透侵蚀害虫表皮蜡质层的作用，喷洒后在植物体表形成一层药膜，保护植物免受病菌侵害。该药在桃树上适合在休眠季节使用；防治谱广，不仅能防治桃缩叶病、白粉病、疮痂病、褐腐病、炭疽病、腐烂病、流胶病等病害，而且对红蜘蛛、介壳虫等害虫也有防治效果。

② 氢氧化铜。无机铜杀菌剂，杀菌谱广，具有保护作用。该药在桃树上用于休眠季节防治多种病害，尤其对细菌性穿孔病效果优异。

③ 中生菌素。保护性杀菌剂，可防治多种果树细菌性和真菌性病害，对桃树细菌性穿孔病及疮痂病、褐腐病、炭疽病等病害有效。

④ 四霉素。生物杀菌剂，为不吸水链霉素梧州亚种的发酵代

谢产物，含有多种抗菌素，杀菌谱广，对多种农林植物真菌性和细菌性病害均有较好的防治效果。具有内吸抑菌活性，兼具治疗和保护双重作用。该药在桃树上主要用于防治细菌性穿孔病，对炭疽病、褐腐病、疮痂病等有兼治作用。

⑤ K84。生防菌，该菌通过优先占领果树伤口点位，在其上定植并产生农杆菌素，阻止致病菌从伤口侵染，从而预防果树根瘤病的发生。桃树上使用 K84 浸泡桃核，可以预防育苗期根瘤病的发生；定植前使用 K84 浸泡苗木根部，可以预防生长期根癌病的发生。

⑥ 噻唑锌。噻唑类有机锌杀菌剂。高效、低毒、杀菌谱广，兼具内吸治疗和保护作用。该药对大多数细菌性病害都有较好防效，在桃树上主要用于防治细菌性穿孔病。

⑦ 多菌灵。高效、广谱、内吸性杀菌剂，具有保护和治疗作用。该药在桃树上可用于防治桃褐腐病、炭疽病、疮痂病、真菌性穿孔病、流胶病等多种病害。

⑧ 甲基硫菌灵。广谱内吸性杀菌剂，具有预防、治疗作用，能防治多种果树真菌性病害，如桃褐腐病、炭疽病、疮痂病、根腐病等。

⑨ 代森锰锌。广谱保护性杀菌剂，施药后在植物表面形成保护膜层，抑制病菌孢子发芽和侵入，抑制病菌蔓延。该药剂对病原菌作用点位多，不易产生抗药性。该药在桃树上可用于防治褐腐病、疮痂病、炭疽病及细菌性穿孔病等多种病害。

⑩ 丙森锌。广谱保护性杀菌剂，具有较好速效性和残效性。该药在桃树上用于防治褐腐病、疮痂病、炭疽病等病害，兼治细菌性穿孔病。

⑪ 咪鲜胺。高效、广谱、低毒的内吸性杀菌剂，具有预防、保护和治疗等多重作用。该药在桃树上可用于防治炭疽病、疮痂病、褐腐病、枝枯病等多种病害。

⑫ 溴菌腈。广谱的防腐、防霉杀菌剂，可抑制真菌、细菌、藻类的生长。该药在桃树上可用于防治炭疽病、疮痂病、褐腐病及

细菌性穿孔病等多种病害。

⑬ 苯醚甲环唑。广谱内吸性杀菌剂，施药后能被植物迅速吸收，药效持久。该药在桃树上可用于防治白粉病、炭疽病、褐腐病、疮痂病、腐烂病、锈病等多种病害。

⑭ 腈苯唑。广谱内吸性杀菌剂，能阻止病菌孢子侵入和抑制菌丝生长。在病菌潜伏期使用，能阻止病菌的发育；在发病后使用，能使下一代病菌孢子失去侵染能力，具有预防和治疗作用。该药可有效防治桃褐腐病、锈病等病害。

⑮ 己唑醇。广谱、高效、内吸性杀菌剂，具有保护和治疗活性。该药在桃树上可有效防治白粉病、锈病、褐斑病、炭疽病、褐腐病等多种病害。

⑯ 氟硅唑。高效、广谱、低毒杀菌剂，能迅速渗入植物体内，耐雨水冲刷。该药在桃树上用于防治多种病害，尤其对白粉病、锈病高效。

⑰ 腈菌唑。高效、广谱、低毒杀菌剂，具有保护和治疗作用。该药在桃树上用于防治多种病害，尤其对白粉病、锈病高效。

⑱ 丙环唑。高效、广谱、低毒杀菌剂，具有保护和治疗作用，能在植株体内向上传导。该药在桃树上用于防治炭疽病、褐腐病、疮痂病、锈病、白粉病等多种病害。

⑲ 戊唑醇。高效、广谱、内吸性三唑类杀菌剂，具有保护和治疗作用，持效期长。该药在桃树上主要用于防治白粉病、炭疽病、疮痂病、褐腐病等多种病害。

⑳ 吡唑醚菌酯。高效、广谱、低毒杀菌剂，具有保护和治疗作用。具有渗透性及局部内吸活性，持效期长，耐雨水冲刷。该药在桃树上用于防治炭疽病、褐腐病、疮痂病、根霉软腐病、锈病、白粉病等多种病害。

㉑ 嘧菌酯。高效、广谱、内吸性杀菌剂，能被植物吸收和传导，具有保护和治疗作用。该药可有效防治桃褐腐病、炭疽病、疮痂病、白粉病等多种病害。

九、采收与包装

（一）适期采收

一般以外观色泽、果实硬度和果实大小判断成熟度。果实绿色减褪、基本泛白或泛黄、停止膨大、果面丰满、果皮不易剥离时，销运距离较长的桃果可采收。果实由绿色转为白色或黄色、果实充分膨大、果皮易剥离、可溶性固形物急剧增加、色香味俱全、果面发软的果实，不宜远销，宜当地供应。

（二）分级包装

叶正文等综合全国 8 个省份（山东、四川等）桃产地的分级现状，根据普通桃单果重大致将其分为四级，特级果单果重250 g以上，一级果单果重 200～250 g，二级果单果重 175～200 g，三级果单果重 175 g 以下。由于果个大小与内在品质不存在正相关性，300 g 以上大果在各地市场上受欢迎程度有所降低，250 g 左右果实具有明显的价格优势，销路宽，销售速度快。

依桃果采后所处的不同阶段，将包装分为运输贮藏单位包装和销售单位包装两种类型。

1. 运输贮藏单位包装

可采用 10～15 kg 的果箱、果筐或临时周转箱等。需在木箱或纸箱上打孔，以利于通风。为了减少贮运中的碰撞，避免机械损伤和病果互相感染，减少果实失水，保持较稳定的温度，可在容器底部和果实空隙填入稻壳、刨花、干草和纸条等内垫物。

2. 销售单位包装

直接面向消费者，根据市场需求可分为大包装与精细包装两类，大包装与运输贮藏单位包装相似；精细包装一般每箱重量为2.5～10 kg，有的为每箱 1～2.5 kg，甚至双个或单个果品包装。果实装入容器中要彼此紧接，妥善排列。同时在包装箱上要注明品种、等级、重量、规格、数量等产品特性，并贴上产地标签。高档精细桃果包装向小型化、精品化（印字、印图及特殊造型果品）、透明化（采用部分透明材料，可视）、组合化（如精美果篮）、多样化（如托盘、塑料箱等）方向发展。

主要参考文献
REFERENCES

白美发，2004. 桃树的组培快繁试验 [J]. 落叶果树 (3)：7-8.

曹艳平，2007. 几种桃树砧木的抗旱和耐涝性研究 [D]. 北京：中国农业大学.

晁玉霞，2010. 桃树扦插繁育技术 [J]. 现代农业科技 (15)：163.

陈芳，马显达，陆斌，等，2000. 扁桃茎尖组织培养的研究 [J]. 云南林业科技，91 (2)：24-29.

陈瑞珊，1981. 果树植物的耐盐力 [J]. 河北农学报 (2)：73-7.

陈子萱，曹孜义，田福平，2004. 扁桃砧木 Nemaguard 和 Lovell 的组培快繁 [J]. 甘肃农业大学学报，39 (5)：524-528.

董金皋，2001. 农业植物病理学 [M]. 北京：中国农业出版社.

董云，1989. 郁李作桃树砧木试探 [J]. 江苏农业科学，1：33.

杜涓，叶航，宫静静，等，2009. 长柄扁桃绿枝扦插生根试验 [J]. 中国果树 (3)：30-32.

高丹，郭峰，2008. 不同嫁接方式对桃苗生长的影响 [J]. 北方园艺 (10)：92-93.

高梅秀，1990. 桃硬枝扦插试验简报 [J]. 果树科学，7 (4)：236-237.

宫静静，贾克功，2009. 桃树砧木品种筑波 4 号筑波 5 号对爪哇根结线虫的抗性 [J]. 中国农业大学学报，14 (5)：72-75.

胡孝葆，邓红宁，邵冲，1993. 果树全光间歇喷雾嫩枝扦插育苗研究 [J]. 果树科学，10 (2)：92-94.

贾克功，1995. 果树再植病害研究进展 [C]//中国科技技术协会第二届学术年会园艺学论文集. 北京：北京农业大学出版社：296-302.

贾稀，1984. 谈谈果树绿枝扦插 [J]. 山西果树 (2)：38-40.

姜全，2016. 中国现代农业产业可持续发展战略研究·桃分册 [M]. 北京：中国农业出版社.

靳晨，刘志民，马焕普，2006. 桃砧木筑波 5 号绿枝扦插生根技术研究 [J]. 北京农学院学报，21 (4)：5-7.

李洪雯，刘建军，邓家林，等，2008. 桃砧木 GF677 离体快繁技术体系研究 [J]. 西北植物学报，28 (11)：2226-2228.

李靖，2007. 桃矮化密植好砧木一种 [J]. 农家顾问，2：31.

李靖，方庆，王政，等，2007. 桃树矮化砧木灭菌方法的初探 [J]. 中国农学通报，23 (12)：324-327.

林美盛，1994. 毛樱桃砧对黄甘桃的矮化效果 [J]. 北方果树，4：5.

刘常红，2009. 毛桃对根癌病的抗性研究 [J]. 中国农业大学学报，5：68-71.

刘常红，叶航，朱立新，2009. 桃砧木筑波 4 号和筑波 5 号抗根癌病鉴定评价 [J]. 中国果树，1：49-51.

刘明彰，1989. 新疆桃的绿枝扦插试验 [J]. 八一农学院学报，12 (1)：17-20.

刘永忠，2004. 影响桃嫁接苗成活率的原因及对策 [J]. 广西园艺，15 (6)：42-43.

龙忠伟，2008. 新品种桃树快速育苗技术 [J]. 辽宁林业科技 (3)：53-54.

马焕普，刘志民，等，2006. 几种桃砧木的耐涝性及其解剖结构的观察比较 [J]. 北京农学院学报，21 (2)：1-4.

马骏，张成才，王丽艳，2009. 都百凤桃树离体植株再生培养的研究 [J]. 山西林业科技，38 (1)：12-15.

马凯，汪良驹，王业遽，1997. 十八种果树盐害症状与耐盐性研究 [J]. 果树科学，14 (1)：1-5.

宋洪伟，2009. 吉林省抗寒桃种质资源及利用现状 [C]// 中国园艺学会桃分会第二届学术年会论文集：101-103.

于福顺，姜林，张翠玲，2013. 桃树育苗的追肥试验 [J]. 北方果树，2.

万少侠，2007. '沪005桃'优良矮化砧木选择新疆桃山桃砧木嫁接 [J]. 林业科技开发，21 (7)：76-78.

王朝祥，2005. 毛桃砧嫁接桃树抗涝抗逆又丰产 [J]. 山西果树 (1)：54-55.

王建岭，王运香，2004. 果树涝害发生的原因及灾后管理 [J]. 安徽农业 (7)：5.

王灵燕，2008. 几种核果类果树对花生根结线虫的抗性研究 [D]. 北京：中国农业大学.

王雯君，2007. 几种桃砧木对北方根结线虫的抗性研究 [D]. 北京：中国农业大学.

王雯君，贾克功，2009. 毛桃对北方根结线虫的抗性研究 [J]. 中国农业大学学报，14（4）：71-76.

王志强，2007. 世界桃砧木育种现状与展望 [C]//中国园艺学会桃分会成立大会暨学术研讨会论文集：19-25.

魏书，刘以仁，梁应物，1994. 桃绿枝扦插繁殖技术研究 [J]. 果树科学，11（4）：247-249.

武荣花，王献，杨喜春，等，2007. 桃根癌病病原菌的分离和桃砧木抗性试验研究 [J]. 河南科学，3：416-419.

弦间洋，1989. 桃树枝插繁殖的研究 [J]. 国外农学（果树）（1）：1-6.

杨兴洪，罗新书，刘润进，1993. 几种果树的线虫病害及其防治 [J]. 落叶果树（1）27-29.

叶航，2006a. 4 种桃砧木对南方根结线虫的抗性研究 [D]. 北京：中国农业大学.

叶航，2006b. 桃树砧木新品种筑波 4 号和筑波 5 号 [J]. 中国果树（6）：63-64.

于福顺，姜林，张翠玲，等，2013. 不同嫁接高度和嫁接时期对桃树苗木生长的影响 [J]. 山东农业科学，4：66-67.

于福顺，姜林，张翠玲，等，2014. 播种深度对桃树出苗率的影响 [J]. 北方果树，6：15.

于福顺，姜林，张翠玲，等，2015. 播种密度对桃树苗木生长量的研究 [J]. 北方果树，6：17，21.

于福顺，姜林，张翠玲，等，2016. 桃树不同整形方式对苗木类型的需求研究 [J] 中国果树，2：29-32.

张凤敏，1999. 毛樱桃砧对桃树生长结果的影响 [J]. 山西果树，2：5-6.

张凤敏，宫美英，2001. 核果类果树设施栽培实用技术 [M]. 东营：中国石油大学出版社.

张静翅，龚弘娟，蒋桥生，等，2008. 广西桃早熟品种"四月红"不同基质的扦插生根效果研究 [J]. 北方园艺（10）：22-25.

张连忠，赵春芝，罗新书，1993. 肥城桃硬枝扦插试验初报 [J]. 落叶果树（4）：18.

张宇和，1984. 果树繁殖 [M]. 上海：上海科学技术出版社.

张忠慧，1997. 用毛樱桃作桃的矮化中间砧试验 [J]. 北方果树，4：11.

赵剑波，姜全，郭继英，等，2006. 桃砧木 GF677 的研究进展 [J]. 河北果树，2：1-2，6.

郑开文，1990. 桃扦插繁殖试验初报［J］. 北京农业大学学报，16（1）：165-169.

汪祖华，2001. 中国果树志. 桃卷［M］. 北京：中国林业出版社.

朱更瑞，王力荣，2001. 桃苗及其标准化生产［J］. 中国种业（5）：27-28.

左覃元，龚方成，朱更瑞，等，1988. 不同桃砧木抗根结线虫鉴定初报［J］. 果树科学，5（3）：116-119.

河濑意次，1995. 果树台木の特性と利用［M］. 东京：晨文协.

Bartolini G，1980. The effect of sampling time on the rooting of peach cuttings from cultivars with different cold requirement［J］. Hort Abst，50（7）：5028.

Basile B，Bryla D R，Salsman M L，et al.，2007. Growth patterns and morphology of fine roots of size-controlling and invigorating peach rootstocks［J］. Tree physiology，27（2）：231-241.

Basile B，Marsal J，Dejong T M，et al.，2003. Daily shoot extension growth of peach trees growing on rootstocks that reduce scion growth is related to daily dynamics of stem water potentian［J］. Tree physiology，23（10）：695-704.

Beckman T G，Chaparro J X，Sherman W B，et al.，2008. 'Sharpe'，a clonal plum rootstock for peach［J］. HortScience，43（7）：2236-2237.

Beckman T G，Lang G A，2003. Rootstock breeding for stone fruits［J］. Acta Horticulturae，622：531-551.

Chen Z X，Cao Z Y，Tian F P，2004. Micropropagation of almond's rootstocks（Nemaguard and Lovell）［J］. Journal of Gansu Agricultural University，39（5）：524-528.

Cochran G W，1945. Propagation of peach from soft wood cuttings［J］. Pro Amer Soc Hort Sci（46）：230-240.

David W R，Owen T，1983. "Nemared" peach rootstock［J］. Hortscience，18（3）：376.

Erez A，1984. Improving the rooting of peach hardwood cutting under field condition［J］. Hort Science，19（2）：245-247.

Esmenjaud D，Minot J C，Voisin R，et al.，1997. Differential response to root-knot nematodes in *Prunus* species and correlative genetic implications［J］.

Ematol, 29: 370 - 380.

Fachinello J C, Kersten E, Silveira J P, 1984. Effect of indolbutyric acid on the percentage of rooted woody cuttings used to obtain plants of peach (*Prunus persica*, L. Batsch) [J]. Anais do VII congress brasileiro de fruticultura, 4: 1088 - 1096.

Fotopoulos S, Sotiropoulos T E, 2004. In vitro propagation of the PR 204/84 peach rootstock (*Prunus persicax*, *P. Amygdalus*): the effect of BAP, NAA, and GA$_3$ on shoot proliferation [J]. Adv. Hort Sci, 18 (2): 101 - 104.

Fotopoulos S, Sotiropoulos T E, 2005. In vitro propagation of the PR 204/84 peach rootstock (*Prunus persicax*, *P. Amygdalus*): the effect of auxin type and concentration on rooting [J]. Adv. Hort Sci, 19 (1): 54 - 57.

Hanus D, Rohr R, 1987. In vitro plantlet regeneration from juvenile and mature sycamore maple [J]. Acta Horticulturae, 212: 77 - 82.

Hartmann H T, 1958. Effect of season of collecting, idolebutyric acid and pre - planting storage treatment on rooting of Marianna plum, Peach and Quince hardwood cuttings [J]. Pro Amer Soc Hort Sci (71): 57 - 66.

Kamali K, Majidi E, Zarhami R, 2001. Determination of the most suitable culture medium and growth conditions for microprogation of GF677 (hybrid of almond×peach) rootstocks [J]. Seed and Plant, 17 (4): 234 - 243.

Kochba J, Spiegel - Roy P, 1975. Inheritance of resistance to the root - knot nematode (*Meloidogyne javanica* Chitwood) in *Bitter Almond Progenies* [J]. Euphytica, 24: 453 - 457.

Kyriakidou R, Pontikis C A, 1983. Propagation of peach - almond hybrid GF677 in vitro [J]. Plant - propagator (29): 4, 13 - 14.

Ma J, Zhang C C, Wan L Y, 2009. Researches on regenaeration culture to excised plant of Dubaifeng Peach [J]. 38 (1): 12 - 15.

Mannini P, Gallina D, Sansavini S, 2000. Influence of irrigation on peaches with various maturation perioda. X X IV Convegno Peschicolo, Perunanuova peschicoltura: produzione, organi zzazione, mercato. Cesena, Italia, 24 - 25 febbraio, 2001: 77 - 80.

Marull J, Pinochet J, Verdejo S, et al. , 1991. Reaction of *Prunus* rootstocks to *Meloidogyne incognita* and *M. arenaria* in Spain [J]. Supplement to Journal of Nematology, 23 (4s): 564 - 569.

Massai R, Gucci R, Tattini M, et al. , 1998. Salinity tolerance in four peach [J]. Acta Horticulturae (465): 363－369.

Matta F B, 1987. Rooting and survival of semi－hard wood peach cuttings under field condition [J]. Mississippi Agr And For Expt Sta Res Rpt, 12 (14): 1－3.

Minguzzi A R, 1989. Rootstock effects on peach replanting: a ten years trial [J]. Acta Horticulturae, 254: 357－361.

Nngy P, Lantos A, 1998. Breeding stone fruit rootstocks in Hungary [J]. Acta Horticulturae, 484: 199－202.

Nam K U, 1987. Studies on the propagation of peach trees by cuttings [J]. Hort Abst, 57 (9): 6864.

Nyczepir A P, Beckman T G, 2000. Host status of guardian peach rootstock to Meloidogyne sp. and M. javanica [J]. HortScienee, 35 (4): 772.

Nyczepir A P, Beckman T G, Reighard G L, 1999. Reproduction and development of Meloidogyne incognita and M. javanica on Guardian peach rootstock [J]. Journal of Nematology, 31 (3): 334－340.

Okie W R, Beckman T G, Nyczepir A P, et al. , 1994. By5209, a peach rootstock for the southeastern United States that increases scion longevity [J]. Hortscience, 29 (6): 705－706.

Pinochet J, Calvet C, Hernandez－Dorreg A, et al. , 1999. Resistance of peach and plum rootstocks from Spain, France and Italy to root－knot nematode Meloidogyne javanica [J]. HortScience, 34 (7): 1259－1262.

Rbubio－Cabetas M J, Minot J C, Roger Voisin, et al. , 1999. Resistance response of the Ma genes from 'Myrobalan' plum to Meloidogyne hapla and M. mayaguensis [J]. HortScience, 34 (7): 1266－1268.

Scalabrelli G, 1986. The inter action between IBA treatment and other factors in rooting and establishment of peach hardwood cuttings [J]. Acta Hort (179): 855－862.

Scotto L A Massese, Esmenjaud D, Minot J C, 1990. Host suitability in the genus Prunus to Meloidogyne arenaria, particularly clones and inter specific hybrids of P. cerasifera [J]. Acta Hort, 283: 275－284.

Sen S M, 1983. Factors affecting survival of infield rooted hardwood peach cuttings [J]. HortScience, 18 (3): 324－325.

Hossain S, Mizutani F, et al. , 2005. Effect of interstock and spiral bark ringing on the growth and yield of peach [J]. Bulgarian journal of agricultural science, 11 (3): 309 - 316.

Sharpe R H, Hesse C O, Lownsbery B F, et al. , 1969. Breeding peaches for root - knot resistance [J]. Amer Soc Hortsci, 94: 209 - 212.

Syrgiannidis G, 1985. Control of iron chlorosis and replant diseases in peach by using the GF677 rootstock [J]. Acta Horticulturae (173): 383 - 388.

Tsipouridis C, Thomidis T, 2004. Rooting of GF677 (almond * peach hybrid) hardwood cuttings in relation to hydrogen hyperocide, moisture content, oxygen concentration and pH of substrate [J]. Australian Journal of Experimental Agriculture (44): 801 - 805.

Tsipouridis C, Thomidis T, Isaakidis A, 2003. Rooting of peach hardwood and semi - hardwood cuttings [J]. Australian Journal of Experimental Agriculture, 43: 1363 - 1368.

Wayne B S, Paul M L, 1981. Breeding peach rootstocks resistant to root - node nematodes [J]. HortScience, 16 (4): 523 - 524.

Weiss H, 2004. Characteristics of the ideal nursery tree and its advantages in the orchard [J]. Compact Fruit Tree, 37: 23 - 25.

图书在版编目（CIP）数据

桃新品种及配套技术 / 姜林主编 . —北京：中国
农业出版社，2020.8
（果树新品种及配套技术丛书）
ISBN 978－7－109－26773－2

Ⅰ. ①桃… Ⅱ. ①姜… Ⅲ. ①桃－品种②桃－果树园
艺 Ⅳ. ①S662.1

中国版本图书馆 CIP 数据核字（2020）第 062243 号

中国农业出版社出版
地址：北京市朝阳区麦子店街 18 号楼
邮编：100125
责任编辑：舒 薇 李 蕊 王琦瑢 文字编辑：赵钰洁
版式设计：王 晨 责任校对：吴丽婷
印刷：中农印务有限公司
版次：2020 年 8 月第 1 版
印次：2020 年 8 月北京第 1 次印刷
发行：新华书店北京发行所
开本：880mm×1230mm 1/32
印张：5 插页：4
字数：133 千字
定价：35.00 元